U0155733

Nikolaas Tinbergen

动物的

社会行为

Social
Behavior
in
Animals

〔英〕

尼可拉斯 · 廷伯根 著

刘小涛 译

代译序

彼得·汉德克在《无欲的悲歌》中写道："自从了解了人，我就爱上了动物。"大抵，有时候，人比动物还残忍，更缺乏合作和同情心。想一想办公室政治和奥斯维辛，人类内部争斗的历史千古延续，于今不绝。当然，能够反思斗争之恶，并从争斗走向合作，也是人类更重要的一面。

科学家研究动物，是想透过动物行为和认知来了解人之为人。人也是动物中的一类，人和其他动物彼此之间分享了一些基本特性。生物和社会的交叉是 20 世纪生物学和社会学的重要交叉研究领域。社会学学家赵鼎新教授早年研究昆虫，获得生物学博士学位；后来研究社会学，获得社会学博士学位，任教于社会学重镇芝加哥大学社会学系，这种治学转变背后也自有其内在逻辑。

威尔逊 1975 年出版巨著《生物社会学——新的综合》影响深远；曾于 1989 年被国际动物行为协会评为历史上最为重

要的动物行为著作。不过，威尔逊对动物的社会行为研究并非首创，在他之前已经有不少生物学家做了开创性的工作；本书作者廷伯根就是先驱之一，他在 20 世纪三四十年代就对动物行为进行了深入的观察研究。

廷伯根生于 1907 年，逝于 1988 年，是荷兰裔英国动物学家，现代行为生物学的奠基者之一。他自幼就痴迷于生物行为尤其是鸟类生活，《动物的社会行为》就充满了对银鸥、三刺鱼、鳟眼蝶、蚂蚁、蜜蜂等动物的详尽观察描述。廷伯根与生物学家洛伦茨合作，重视动物行为的演化，并将行为生物学的研究方法用于研究人类行为，例如婴儿孤独症等。廷伯根著有《本能的研究》《动物的社会行为》及《银鸥世界》。因为关于动物行为研究的开创性贡献，他于 1974 年和洛伦茨、弗里施一起获得了诺贝尔生理学奖，这标志着行为学研究得到了主流科学的承认。值得一提的是，以《自私的基因》而闻名学界的道金斯就是廷伯根早年的学生。

廷伯根善于设计实验，在复杂环境背景中去寻找诱发动物行为的原因。这就意味着他需要在真实的场景下进行实验调查，因为只有没有干扰地观察动物在自然环境中的行为，才能获得真实的数据，从而形成合理的因果推论。这是欧洲行为生物学家的主要工作模式。与之相对，美国比较心理学家主要在实验室条件而非自然环境下工作，专注于研究大白鼠等少数几种动物的认知。前者重视真实场景，后者重视模拟场景，是科学研究的两种主要进路。20世纪下半叶，两大学派交融互补形成了生物学的新研究方式。本书荷兰语初版于1946年，英文初版于1953年。回头来看，正是奎因自然主义哲学的蓬勃时期，奎因拒斥分析与综合的截然二分，反对经验主义的还原论，接受整体论。尤其在语言学上强调通过行为反应刺激建立意义，这些都暗合于行为生物学的基本预设。

译者刘小涛教授研习科学哲学、语言哲学有年，以逻辑分析、语言分析见长学界。因探究乔姆斯基语言方案，而了解洛伦茨的"生物化康德"研究取向对乔姆斯基的影响，开始涉足动物行为研究领域。亚里士多德、培根、笛卡尔、莱布尼茨都曾探究动物行为。更好地理解人自身以及人所处的自然世界，乃哲学家和科学家共有之目的。动物是自然界的重要构成，对动物行为的恰当理解也是逻辑实证主义者心中"科学的世界概念"的组分。

认知科学兴起以来，学界研究多集中于人类认知。近些年，动物行为研究和动物认知研究（如动物心灵）逐渐升温。《动物的社会行为》乃动物行为研究的经典之作。不管是意在人兽差异，还是好奇动物认知，抑或关心社会行为，此书堪称案头必备。塔外观象，不啻佛头着粪，祈请读者诸君见谅。谨以为序。

梅剑华 2020年12月10于太原山西大学

目录

前言

此书的主旨不是要详尽地描述事实，而是要展示一种对社会行为进行研究的生物学路径。因为洛伦茨的开拓性研究，这一路径已重获生机。它有几个突出特征：强调要对大自然里非常多样的社会现象进行仔细观察；强调要同等地重视三个主要的生物学问题，即功能、因果、进化；强调描述、质性分析、定量分析要有一个恰当的顺序；强调不断进行新综合的必要性。

这一路径的特征，以及篇幅的限制，决定了此书的内容。出于篇幅的限制，我们不得不省略许多描述。因而，迪基纳（Deegener）关于不同类型的动物聚集行为的宏富研究没有得到讨论。而且，此书没有特别仔细地分析社会性昆虫有严格专业分工的"邦国"，因为有一些优秀的著作专门讨论它们。

这一路径的性质，使得此书区别于其他研究社会行为的著作。一方面，别的作者曾详加探究的某些问题，我会处理得比较简略。比如，艾利（Allee）的工作主要集中讨论动物的聚集所产生的不同功能；他没有特别分析各种社会合作背后的原因，而且，在涉及这些原因的时候，他的注意力完全集中在啄食顺序（pecking order）。这种现象虽然有趣，但较少体现社会组织的特征。其他一些研究似乎过分地估计了某一个体向另一个体传递食物的行为所产生的影响；尽管这当然是建立某些社会关系的一个因素，但它不过是复杂现象中的一个因素而已。最后，有大量分散的、常常彼此不相关的证据，它们是在某些特殊的实验室条件下取得的；在目前，几乎完全没办法说，这些证据和特定物种的正常生活有何种关联。

另一方面，根据我的考虑，特别重要的是，要阐明动物行为学的主要问题，阐明它们之间的关系，以及它们和另一些更具体、附属性的子问题之间的关系。这个任务，以及对那些通过自然主义的研究方式而研究发现的许多新事实作必要的描述，加上初步的质性分析，已经要求很大的篇幅。另外，我还想阐述并且强调一些我认为很重要的新理论，它们都特别有启发性。因而，种内争斗的意义、威胁行为和求偶行为的原因、释放器（releaser）的功能，以及这一路径作出了特别贡献的其他一些问题，会得到较细致的讨论，而且，我还会尝试阐明它们在复杂的问题系统中的恰当位置。

我想清晰地呈现自己的思想，使那些有兴趣的非专业读者也能很好地把握。我希望这么做会刺激研究，因为我深信，哪怕是业余爱好者，也可以对这门年轻的科学做出贡献。

我受惠于麦克·阿伯克龙比（Michael Abercrombie）博士和德斯蒙德·莫里斯（Desmond Morris），谢谢他们宝贵的批评和对英语文本的修订；感谢 L.廷伯根博士，他画了部分图示，也感谢牛津大学出版社允准使用我在《本能研究》一书中使用过的一些图示；我还要特别感谢休·科特（Hugh Cott）博士，他允许我重新制作"四眼蝴蝶鱼"那张图，以及布莱恩·罗伯茨（Brian Roberts）博士，他允许我使用他那些精彩的企鹅照片。

文中插图

文中照片

序言

　　此书最初是用荷兰文写的，出版于 1946 年。英文版是在荷兰文本的基础上修改、翻译而成。廷伯根在战争期间写作了此书，大部分完成于他被因于德国的集中营期间。他这本著作的素材主要基于自己在 20 年代和 30 年代的观察和研究。在这期间有 7 年时间，他致力于将动物行为学这个新学科引入莱顿大学的生物学课程。

　　动物行为学，按照尼可·廷伯根的想法，旨在研究动物"本能性的"或物种特有的行为，特别强调它们对每个物种所生活的生态位的适应性。对他来说，这类工作显然必须从观察自然环境中的动物开始；野外会更好，如果田野观察不可能的话，也应该在半自然的条件下进行。廷伯根在 30 年代早期开始他的职业生涯。在那时候，大多数职业动物学家都不重视自然条件下的研究，他们仅仅只在需要抓捕或杀死自己的研究对象时，才会离开自己幽闭的实验室。绝大多数关于野生动物的作品，都是业余爱好者写的，这使得人们往往轻视这类工作，认为它只是个"爱好"。

廷伯根深信，要使动物行为学成为一门受人尊敬的生物科学，就必须基于观察提出清晰的问题，并且发展出回答这些问题的方法。他追随赫胥黎的步伐，进而指出，关于行为，我们应该追问三类"为什么问题（why-question）"：关于它的功能或适应性的问题，关于它的近因（immediate causation）的问题，以及它在进化过程中的发展方式的问题。在《动物的社会行为》里，廷伯根向读者们展示了怎样用头脑里装着的这三个问题去观察野生动物的行为，他还强调，它们是三个不能混为一谈的独立的问题，尽管它们互相依赖。

原来的荷兰语标题可以翻译为"动物社会学"。廷伯根构思此书的时候，植物社会学在植物学研究中正变得颇受欢迎。这使得那些以生态学为方向的动物学家热衷于在动物学里发展出类似的东西。然而，廷伯根指出，植物社会学主要关注不同种类的植物以及不同植物之间的关系，而动物社会学应该主要关心同一物种的个体之间的相互关系，也因而和人类社会学的关系更紧密些。

此书已经成为经典。许多卓有名望的职业生态学家和动物行为学家都曾证言，正是此书将他们引向正确的轨道，特别是，给了他们信心去实现自己花时间观察野外动物的愿望，并将他们的爱好变成科学训练。仅仅因为这个理由，此书就具有特别重要的历史趣味。当然，这不是我们欢迎它重印的唯一理由。距离此书最初出版，已经过去 40 余年。今天的年轻科学家，如果想献身动物行为研究的话，仍然会发现它是本非常棒的导论性著作。其缘由在于，尼可·廷伯根并不过分倚重已经发表的理论和事实，而是特别注重展示什么是最有趣的问题，并指明解答这些问题的方法。

此书并不灌输大量的知识，而是激发读者去了解野生动物，从它们的殊死搏斗到生活中的秘密亲昵。把他的学生带到野外的时候，尼可·廷伯根是最棒的，他观察着将要发生的事情，思考它们意味着什么，并考虑回答相关问题的可能方式。此书的读者能够体会到，那些和尼可有直接接触的学生从他那里学到了什么。

此书表达了开放的研究态度，这是动物行为学进路的鲜明特点。1973 年的生理学－医学诺贝尔奖之所以颁给尼可·廷伯根、康拉德·洛伦茨以及卡尔·冯·弗里施（他们一起作为动物行为学的奠基人），这至少是重要理由之一。因为开放的态度，对于许多动物行为研究领域以外的科学家而言，如果他们想要在动物行为和人类行为之间做出比较，此书仍然有吸引力，也颇为有用。

尽管此书篇幅不大，但已足够实现它的意图。它虽简洁，和曾经写在莱顿大学的动物学研究图书馆门楣上的话精神完全一样："去研究自然，而不是书本（study nature and not books)"。

廷伯根于 1988 年 12 月谢世。在去世前，对于要重印自己的书，他似乎有点疑虑。一方面，他喜欢这个提议，因为他相信此书的教育价值仍未减损。另一方面，他也意识到，此书对某些行为的解释，今天看来可能站不住，他自己也已然放弃或修正了某些观点。在一定程度上，这也表明廷伯根的进路多么富于成果；在过去的三四十年里，它为行为生态学的惊人发展做出了卓越贡献。应出版社的要求，接下来，特别是针对这个领域的新手，我还想指出——结合我对当前行为生态学主要趋向的勾勒——人们的观点已经在哪些方面发生了重要变化。

和其目标一致，廷伯根的书主要立足于自己的经验。相应地，他主要讨论关于鸟、鱼、昆虫的研究，讨论它们的伴侣关系、竞争对手之间的关系，以及父母和孩子的关系。这些都是相对简单的关系，因为它们只涉及数量较少的个体。今天的读者可能会注意到，他没有谈到灵长类动物的社会。需要意识到，在此书写作的时候，关于野生猿、猴社会的知识特别稀少。相关研究在 60 年代才广泛传播开来；主要是因为一些人类学家的工作，他们想通过研究人类的动物近亲的行为，获得关于进化早期阶段的人类行为的洞察。50 年代中期以来，灵长类动物学家在非洲、亚洲和拉丁美洲做了大量的田野研究；关于各种灵长类动物社会，特别是对那些物种特有的社会结构以及这些社会里的个体关系积累了大量信息。

当我们思考某一种特定的动物行为模式的时候，产生的第一个问题往往是，对于行为者而言，这个行为有什么功能？或者说，它对于繁殖适应性有何影响？功能问题，需要考虑对行为的整体结构做出整合的不同层次。例如，对筑巢行为的全部功能而言，我们可以研究每一个单独的筑巢活动（如叼来树枝）的功能。如果要更细致的话，我们也可以去研究不同的个体运动模式的功能，以及动物如何使其行为模式适应它所处的特定环境。

在 30 年代以前，一个关于行为功能或者生物学意义的问题，答案通常都来自书房里的逻辑推理。这类答案当然容易招来质疑。特别是，如果试图用它们来理解那些明显展示出高度适应性的结构和行为的进化，认为它们是随机突变或自然选择的结果，这类答案尤其不能让人满意。廷伯根是用实验方法来检验行为功能假说的先驱，例如，使用定量分析方法来评估选择压力（selective force）的强度。在设计实验的时候，他始终将进化和导致行为的原因这两个互补的问题结合起来考虑。正是以这种方式，他使得功能问题成为值得研究的问题，并为功能研究的新进展奠定了基础。

有一个研究新进展，是关于行为功能的实现所产生的利益与付出的代价之间的平衡。功能利益最大化的程度常常受到某些限制，比如其他一些重要功能产生的竞争。在不同的选择压力驱动下，某个动物或某类动物的行为会在多大程度上朝着最优的妥协方案发展，它又如何在进化的过程中实现出来，这是个很有趣的问题。对于某个特定的主要功能而言，有些物种有多个行为模式（行为策略），它们可以根据不同的外部行为条件在几个行为模式之间进行切换。

另一个新的研究路径和最优的概念有密切联系，这类研究关注如何评价选择压力（通常假定它们对特定行为特征在进化过程中的发展起了关键作用）起作用的可能性。理论性的推理和数学模型在这类研究中起着核心的作用；博弈论和经济学的观念在这类方法中得到充分应用。对于田野研究的设计和数据的采集，这些方法和观念变得越来越重要。就这一路径来说，各种灵长类物种的社会组织的变化和多样性是最吸引人的主题。有些物种是一夫一妻制，但绝大多数物种是群体生活（多于两个成年个体）。我们可以区分出两种主要的群体类型，看这个群体是否只有一个雄性，还是有多个成年雄性动物与它们的雌性配偶们以及后代共同生活。在这些群体里，我们还可以根据一些物种特征做出进一步的区分；比如有些物种是一个雄性成员和一群成员共同生活。一般认为，掠食者的危险和种内食物竞争这两个生态学事实是社会结构的决定性因素。它们促进个体间的合作，包括形成联合或同盟。不光是灵长类动物，在其他许多动物群体里，我们都可以发现，它们发展出特殊的社会关系来进行相互合作，以完成那些单凭个体努力不能完成的任务。

在考虑选择压力的效果时，我们需要阐明自然选择作用的目标。动物行为学家过去谈论得比较多的，是物种保存价值；读者们在这本书里也可以读到。这种运思蕴含了自然选择是作用于整个群体。在一段时间里，人们肤浅地认为，这是理解群体合作之所以会发生的最简单的方式。然而，一些复杂的数学模型已经表明，如果事情确乎如此的话，那么"群体选择"就会是一个极其复杂的过程；比起自然选择作用于个体而言，它更不太可能会发生。这意味着，对于许多案例的解释而言，特别是那些群体的成员冒着牺牲自身健康或生命的风险来为伙伴赢取利益的案例（比如报警呼叫、保护和喂养幼体、昆虫社会中的等级），我们应优先考虑个体选择的可能性。这个研究任务吸引了不同学科的科学家，包括生态学家，人口生物学家，遗传学家，数学家，以及动物行为学家。一个叫作"生物社会学"的行为研究分支已经出现，并在过去的二十余年里对田野研究的方向产生了强烈影响。从实践上看来，所有"利他"的行为事实上都可以解释为，有利于以身涉险的个体身上所具有的基因，因而有利于它的成功繁衍。绝大多数利他行为所指向的个体都具有亲属关系，或者是那些可望得到回报的个体。

至于为何如此，廷伯根提供了不同的机制来研究案例，动物们正是通过这些机制来实现特定的社会功能。这些研究很大程度上受了洛伦茨两个概念的影响：固定的行为模式（作为自主行动的基本单元），以及发出者的社会释放和接受者的释放机制之间如"钥锁（key-lock）"般的结合（作为动物行为对特定刺激情境的选择压力敏感的解释原则）。洛伦茨曾将这些物种独有的特征性能力称为天赋（innate）。他用这个形容词是要着意强调，动物执行这些协调性运动或者针对特定刺激情境做出反应所需要的信息不是通过试错、模仿或者文化传递获得，而是在进化的过程中通过自然选择和突变编码在基因中获得的。因为物种的形态和行为之间的高度适应性让人印象深刻，早期的动物行为学家认为基因对物种的特征性能力或"本能"行为的形成起了重要作用。他们强烈反对忽视基因而强调条件的"行为主义"路径。作为后果之一，"天赋"和"习得"变成了两个互不相容的特征。

莱尔曼（Lehrman）1953 年发表的著作对洛伦茨的理论提出了尖锐批评，它预示了一个逐渐转变的研究倾向，人们不再认为一个行为因素要么是天赋的，要么是习得的。在认识到基因在行为发展过程中所起作用的同时，莱尔曼论证说："要么天赋，要么习得"的偏狭二分思维妨碍了我们去研究一些真正有趣的问题，比如，基因中编码的信息如何在个体的行为发展中表达出来。因为看到经验（特别是某些形式的学习）可以受基因所释放出来的影响控制，他为这一过程提供了一个可能的机制。自 1953 年以来，这一原则就得到了广泛运用，比如，用来分析一些鸟类作为物种特征的歌唱模式。相应地，认为这些歌声要么是天赋要么是习得的分类就很不恰当。廷伯根是最早接受这种观点的人之一，这使得他增加了第四类问题，即行为个体发生的问题（the ontogeny of behaviour），从而构成四个最基本的"为什么问题"。但这是他写作此书之后的事了。

很显然，将后天学习获得的经验融入个体行为发生过程中的机会随动物平均寿命的增加而增加，特别是幼年成长时期的长度。因而，可以预期，相对无脊椎动物而言，有计划的学习训练对于脊椎动物而言会更为有效；同样，高级脊椎动物比起低级脊椎动物效果也会更好。因为廷伯根的案例很少涉及哺乳动物，书中的"天赋"这个术语还不至于很让人不快。尽管如此，读者应该要留意，哪怕是低等的脊椎动物，它们应对特定刺激环境时的反应也常常包含一些后天的学习，这是我们过去所没有认识到的。灵长类动物的社交互动很大程度上依赖于它们认识同类个体的早期经验。年幼的灵长动物会学习辨识它们在群体中的位置，避免不友好的反应，寻找自己的盟友。在其他一些哺乳动物群体如鸟类、鱼类，甚至一些无脊椎动物里，也有越来越多的证据表明，个体间的友谊对于社会关系非常重要。正是"洛伦茨式的机制"加上学习的过程才使得这一切成为可能。

前后一贯但又颇具弹性的思想，不断参照真实的动物行为加以验证，它们构成此书的核心冲击力。廷伯根以邀请读者参与观察和研究的方式传递他的思想。他的一项独特才赋，是向读者传递一个热切的想法——让读者想去野外亲自观察动物行为。

贝朗茨（G. P. Baerends）

第一章

引言：陈述问题

椋鸟习惯群居，它们是社会性动物。一只游隼，盘旋在冬日的河口上空，它显然性喜孤独。"社会"意味着多于一个个体，但并不需要许多个体；我甚至会将一对动物的许多行为称为"社会行为"。

不是任何一种动物的聚集都是社会性行为。夏夜，成百上千的昆虫聚集在灯泡周围，这些昆虫不必然构成一个社会。它们一只一只逐渐靠拢过来。它们的聚集可能仅仅是偶然的，因为都被灯光吸引而集中到一起。但是，冬夜的椋鸟则不一样，在决定降落过夜之前，它们那让人着迷的空中表演，显然彼此间有着互动；它们甚至会以一种完美的秩序彼此相随先后降落，使得你可能会认为，它们有一种超出人类理解的交流能力。通过彼此的互动而相互团结起来，是社会行为的另一个标志。就这个方面来说，动物社会学区别于植物社会学，后者包括各种植物共同生存的情况，不管它们是彼此相互影响，抑或仅仅都受到共同的外部原因吸引。

社会性动物彼此产生的影响不仅仅是吸引。聚集常常只是亲密合作的序曲，以便一起完成某桩事务。对椋鸟来说，这种合作比较简单；它们一起飞翔，作出同样的侧旋，有些鸟可能发出警告声，另一些鸟作出反应；它们还可能群集一起驱赶一只雀鹰或者游隼，彼此都飞得比捕猎者高，以在气势上压倒捕猎者。当雌鸟和雄鸟在繁殖季节相遇时，与之相随的则是一段长时间的紧密合作，包括交配、筑巢、孵化、哺育幼鸟。

因而，社会行为研究就是研究个体之间的合作。合作可能只包括两个个体，也可能有多个个体。对一大群椋鸟来说，合作可能涉及成百上千的个体。

在谈论合作的时候，我们脑子里总是有一个想法，它有时清晰，有时模糊，即合作的目的是什么。我们假定，它一定服务于某种目的。"生物学意义"的问题，或者生命过程的"功能"，是最吸引人的问题之一。这个问题既能够在个体生理学层面提出来，也能就个体的某个器官提出来。另一方面，在更高的整合层次，它当然也存在于社会学层面。物理学家和化学家不会去考究他所研究的现象的目的，但是生物学家则必须要考虑。这里的"目的"是指一种严格的意义。我的意思不是说，比起物理学家关心为什么有物质和运动的问题，生物学家要更加关心为什么竟然会有生命这个问题。而是说，生命现象的本质，它们不稳定的状态，都会使得我们去追问：

为什么生命体没有向环境中无处不在的毁灭性危险屈服？生命体怎样让自己存活，保存自己并且不断繁衍？在最严格的意义上，生命的目的、目标，就在于个体、种群以及物种的保存。由个体组成的种群必须要能维系，它要像一个有机的生物体一般得到保护，以免分崩离析之虞；正像"有机体"这个语词所指示的那样，它是由多个部分构成的——包括多个器官、多个器官的构成部分、多个器官的构成部分的构成部分等等。正如生理学家会追问，个体或者器官，甚或细胞是怎样通过其构成部分的有组织的合作来维系其功能，社会学家也必须去追问，群体的构成部分（即个体）是如何维系这个群体。

在这一章，首先，我要提供一些通过考察得来的不同物种的群居生活的例子。然后，在接下来的章节逐步考察，一个群体中的个体的社会行为，对这个群体中的其他个体乃至整个群体，究竟有何功能。接着，我会讨论合作是如何组织的。对社会行为的功能和原因这两个方面的讨论，将集中于这样几种社会行为，包括性伴侣的行为，家庭生活和群居生活，争斗行为。以这种方式，一步一步地，我们会发现社会的结构。由于这些社会结构绝大多数都是短期结构，我们就不得不去研究，它们是如何产生的。最后，我们必须努力去发现，在长期的进化过程中，有机体究竟怎样进化出我们今天所能观察到的各种类型的社会组织。

银鸥 [25, 71, 105] *

从秋天到冬天，银鸥都是群居。它们成群结队，一起生活；一起觅食，一起迁徙，一起睡觉。倘若连续很多天观察银鸥觅食，你会发现，观察者容易产生一个很平常的感觉：绝对不是丰富的食物把银鸥吸引到了一起。有一群我认识的银鸥，它们常常在草地上捉蚯蚓。我有时候在这一片草地上发现它们，第二天又会在另一片草地上发现它们。整群银鸥会时不时地从一个地方转移到另一个地方。这些地方的蚯蚓都很丰足，没有任何迹象表明，银鸥改变捕食场所乃是因为某个地方的蚯蚓告罄。想大量削减蚯蚓的数量可没那么容易！倘若某只银鸥从别的地方飞来，它总是会加入这个群体，而不是落在草地的别的某个地方。吸引它们的是其他的银鸥。

群居的银鸥，会用不同的方式对彼此作出反应。当你离它们太近的时候，有些银鸥会停止进食，伸长脖子，专注地看着你。很快，其他银鸥也会这么做，然后，整群银鸥都伸长脖子盯着你。其中的一只会发出警告声——有节奏的"嘎—嘎—嘎"，然后，它会突然飞起来。紧跟着，整群银鸥也会立即飞起离开。这个反应几乎是同时的。这种行为当然是因为它们同时作出了对我们这些观察者的反应，外部对

---

* 文字右上角编号为"参考文献"处所参考文献号。后同。

象释放了它们的行为。但另一种情况也常常发生，比如，设若你在某个东西的隐蔽之下悄悄地走近它们，可能只有一两只鸟能发现你。这时候，你就可以观察到它们会怎样通过行为——伸直脖子，或者发出叫声，或者突然飞起——来影响其他银鸥，而后者可能还没有觉察到危险。

到了春天，银鸥一起飞往海边利于繁殖的沙丘地。在空中盘旋观察一阵之后，它们降落下来，然后分开成一对一对的配偶。每一对鸟都会在鸟群的领地疆域里寻找一个适合自己落脚的地方。当然，并不是每一只鸟都有自己的配偶。那些没找到配偶的银鸥，会像"俱乐部"成员那样聚集在一起。对标记过的个体进行的长期持续的研究已经表明，在俱乐部里，会形成新的配偶；在配偶形成的过程中，雌鸟是主动的一方。尚未配对的雌鸟，会带着一种特别的态度走近一只雄鸟。它脖颈向后缩，嘴略微向上，朝前指向雄鸟，然后，脖颈回到水平的姿态，开始慢慢地绕着它选中的雄鸟遛弯。雄鸟可能以两种方式之一做出反应。它要么开始趾高气昂地走动，并攻击其他雄鸟；要么发出一阵持续时间很长的叫声，然后同雌鸟一起走开。接下来，雌鸟开始经常做出乞食的行为，不断把它的头甩来甩去。对雌鸟的乞食行为，雄鸟的回应是吐出一些食物；雌鸟则会很贪婪地吞下食物（图1）。在繁殖季节刚开始的时候，这种乞食和喂食的行为可能仅仅是调情，不一定产生严肃的密切关系。但通常，它们会建立起

图1　即将给雌鸟喂食的雄银鸥（左）

亲密的纽带联系，这样，一对配偶就形成了。一旦配偶关系真正形成，它们就会进行接下来的步骤——一起去觅巢。它们离开俱乐部，在群体领地里寻找某个合适的地方。找到之后，就会开始筑巢。配偶双方都会去收集一些筑巢的材料，把它们搬运到筑巢的地点。在筑巢的位置，它们轮流坐下来，用脚刨出一个浅浅的坑，并铺上衔来的草或者苔藓。

这些鸟一天交配一次或两次。交配前一般有个冗长的仪式。配偶的一方会开始甩头，就像是乞求食物一般。它与"求偶喂食（courtship feeding）"的区别在于两只鸟都会做出甩头的动作。它们的仪式行为会持续一段时间，然后，雄鸟会慢慢地伸展它的脖子，并跳起来跃到雌鸟背上。雄鸟通过把它的泄殖腔与雌鸟的泄殖腔不断接触，得以完成交配。

几乎与形成配偶、筑巢、求偶喂食以及交配等行为同时发生，另一种行为模式也出现了，特别是在雄性之间，即争斗行为。还在俱乐部里的时候，雄性银鸥的攻击性就会变得

图2　雄银鸥的直立威胁姿势

很强烈，它会赶开附近所有的雄鸟。一旦一对配偶在自己的领地上定居下来，雄鸟的攻击性会变得更强，对擅闯领地者，雄鸟会变得完全不能容忍。任何贸然入侵的雄鸟都会受到攻击。通常，真正的攻击很少实施，仅凭威胁就足以把陌生的入侵者赶开了。银鸥的威胁有三种类型。最温和的形式是"直立威胁姿势（upright threat posture）"：雄性伸直脖子，嘴指向下方，有时会抬起翅膀（图2）。保持着这种姿势，它以明显有点僵硬的步态走向入侵者，看起来所有的肌肉都绷紧着。攻击意图更强烈的表达是"扯草"。雄鸟一直走到距离对手很近的地方，然后马上放低脖子，狂怒地啄地面，并衔住一些草、苔藓或者草根，把它们扯出来。当雄鸟和雌鸟共同遭遇临近的另一对银鸥时，它们会表现出第三种威胁形式："咕咕叫"。它们弯着脚，胸脯放低，喙指向下方，舌骨也放得更低，露出一种很奇怪的面部表情，并做出一系列像是没有完成的啄地面的行为。这个过程总是伴随着有节奏的、略带沙哑的咕咕叫（cooing call）。

这些威胁行为显然会给其他银鸥产生压力。它们理解这些行为的攻击意味，而且通常都会撤退。

雌鸟下蛋之后，银鸥夫妇会轮流坐在蛋上面。

它们在孵蛋过程中的合作让人印象深刻。它们从不会都离开蛋。一方在孵蛋的时候，另一方可能在数英里之外觅食。当觅食的一方回来时，孵蛋的鸟会一直坐着，直到前者走到巢边。这个过程伴随着特殊的动作和叫声；常常是发出一阵拖长的叫唤，并带着一些筑巢的材料。然后，坐着的鸟站起来，配偶接过它的岗位。

照顾蛋的行为或许可以说是社会行为，因为蛋下下来之后就是一个个的个体。通常我们不会把这种单向的关系视为真正的社会关系，不过，我们不应该忘记，蛋尽管不会移动，但它们会对银鸥父母产生一种特殊且影响深远的刺激。

不过，在蛋孵化之后，父母和孩子们的关系就真正成为相互的。最初的时候，幼鸟什么也不能做，除了被动地接受喂食；但几个小时之后，它们就会乞求食物。一旦父母给它们站起来的机会，幼鸟就会不断尝试啄它们父母的嘴尖。很快，父母就会吐出食物：一条半消化了的鱼，或者一只螃蟹，几条蚯蚓。它会用嘴尖叼着食物，头微微前倾，耐心地喂给幼鸟（图3），直到其中一只幼鸟在经过几次失败后终于叼到食物吞下去。然后，父母再吐出另一小块食物，或者好几块

图 3　银鸥喂幼鸟

饱食之后，幼鸟停止乞食。父母则很快把剩下的食物又吞回去，并坐下来继续孵别的蛋。

当捕猎者靠近群体的时候，父母和孩子们之间的另一种关系就变得很突出。狗，狐狸，或者人，都会唤起它们最强烈的反应。成年银鸥会发出我们熟知的警告叫声"嘎嘎嘎，嘎嘎嘎嘎嘎"，然后飞起来。这种叫声有双重的交流作用。幼鸟会寻找覆盖，然后蹲伏。群体里的成年成员则都会飞起来，准备攻击。对入侵者的攻击，由父母来完成。当入侵者靠近鸟巢的时候，每只鸟都会先后俯冲下来，它们甚至会用两只脚击打入侵者。偶尔，它们的攻击还伴随着"吐出的食物"或"粪便"的轰炸；这些武器会引起对手的极度反感。然而，这样的攻击常常不会成功。狐狸和狗，也包括人，可能会因为它们的攻击受到打扰或者转移注意力，从而不能彻底地搜查目标区域。它们可能漏掉几个鸟巢，特别是年幼的猎手，但这种方式绝不妨碍它们发现那些也许偶然绊了它脚的鸟巢。

图 4　银鸥幼鸟蹲伏

几乎所有生物系统的功能都存在这种相对失效的现象：没有任何一种生物系统的功能会导致完全的、绝对的成功。不过，它们都会为成功做出贡献。幼鸟的保护色和一些行为对于它们抵御捕猎者颇有帮助。幼鸟的蹲伏行为，其全部功能就是躲避捕猎者的视线（图 4）。

　　大概一两天之后，幼鸟的活动就会更加自如。它们开始慢慢在领地周围走动，并逐渐到离巢越来越远的地方活动。不过，它们不会离开领地，除非受到人类频繁的打扰而不得不那么做，比如热爱自然的人群的光顾。人类过分的热爱对银鸥幼鸟来说往往是致命的，因为离开领地之后，它们就会受到邻居的攻击，并常常被邻居杀死。真正的自然热爱者，应该要满足于对银鸥的生活进行耐心的远距离观察。我们这里所描述的事情几乎都可以观察到。

　　我们已经看到社会组织的许多证据。有些合作服务于交配的目的。雌性和雄性之间还有些合作与交配无关，它们主要是为家庭服务。除此之外，在父母和幼鸟之间也有合作。幼鸟会乞求父母喂它们；而父母则会敦促幼鸟安静地藏起来。在不同的配偶之间也存在合作；它们发出的惊叫声会使得整群鸟都飞起来。这些社会组织的结果，是它们身后数量可观的幼鸟；我们太习惯于这个事实，以至于会认为它平常无奇。

　　这些复杂的社会模式，哪怕是遭遇很轻微的扰乱，都可能产生致命的后果。我举一个例子。有好几次，我观察到同样的现象。一只正在孵蛋的银鸥，它站起来"伸伸腿"。就在它在离巢两码的地方整理羽毛的时候，另一只银鸥俯冲下来，把一只蛋啄成两半。不过，它还没来得及开始享用，就被孵蛋的银鸥赶走了。然而，这个蛋的损失总归是因为父母的疏忽。还有另外一个案例。我观察到一对银鸥，雄鸟完全没有孵蛋的冲动，它从不去帮自己在孵蛋的配偶。雌银鸥一直坚持不懈地坐在蛋上，毫不间断地坚持了 20 天。在第 21 天的时候，它放弃了，离蛋而去。对那些即将出生的小银鸥来说，结果有些悲惨。不过，对整个种群而言，这未必不是福气。因为那些后代完全可能遗传父亲的这一缺陷，进而为种群带来更多堕落、退化的特征。

三刺鱼 [50, 51, 70, 101, 110]

　　除繁殖季节以外，刺鱼都是成群地生活。当它们在一起觅食的时候，我们可以发现另一种行为；这种行为对银鸥来说没那么显然，尽管也不是毫无迹象。当某条鱼发现一小片适意的食物，开始以刺鱼特有的贪婪模样大口吞食，另几条鱼会匆忙跑去，试图抢食物。这种行为有一个特别的后果，有些鱼也许能把食物撕成小碎块，因而分得一杯羹。别的几条鱼，倘若运气稍微差些，没有抢到，它们就会开始到下方搜寻。这意味着，当鱼群中的一条鱼在某个地方发现食物的时候，就会刺激整群鱼都跑去那里找食物；以这种方式，它们的捕食活动总能保证被捕猎的对象被最大程度地利用。

正如在银鸥身上可以发现的那样，繁殖季节所产生的社会合作系统，比起我们在秋天和冬天可以观察到的合作要复杂得多。首先，雄鱼会脱离鱼群，并选择自己的领地。然后，它们会装扮上艳丽的婚礼颜色。眼睛变成发光的蓝色，背部从暗淡的褐色变得有点发绿，腹部则会变红。一旦另一条鱼靠近领地（特别是雄鱼），就会受到攻击（图5）。我们会再一次发现，争斗行为要比威胁行为少得多。雄鱼的威胁行为有点奇怪。它们冲向对手，竖起背鳍，张大嘴，准备咬对手。但是，倘若对手并不立即逃走，反而抵抗，领地的主人却并不会真正去咬它，而是会让自己竖立在水里，并做出些抖动身体的动作，仿佛是要把自己的嘴巴钻到沙子里去。通常还会竖起一个或两个腹鳍。

倘若雄鱼没有受到什么打扰，它就会开始筑巢。它选择

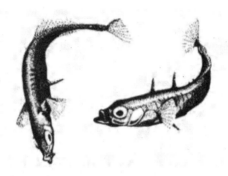

图 5　两条雄三刺鱼的领地争斗

一个地点，从底上噙起一大口沙子，把它搬运到几英寸外的地方。就这样，做成一个浅浅的坑。然后，雄鱼开始收集筑巢的材料（一般是几缕水藻），并把它们压到坑里。有时候，它会在筑巢材料上做出轻微的抖动，悄悄地排出一些黏糊糊的像胶水样的东西，把水草粘在一起。持续几小时或者几天的筑巢过程，其结果是一团绿色的巢，然后，雄鱼用嘴巴拱出一个像隧道般的通道，可供自己蠕动着出入。

现在，巢已经筑好了。马上，雄鱼就会改变它的体色。红色变得更强烈，背上的黑色细胞则会变成黑色的小圆点。皮肤下面如同蓝色水晶般发光的鱼鳞箔充分展示出来，整个背部变成闪闪发光且有点发白的蓝色。富有光泽的背部，深红的腹部，还有明亮的眼睛，都使得雄鱼格外引人注目。穿着这身吸引人的艳装，雄鱼开始在自己的领地里招摇地上下巡游。

　　与此同时，那些完全不需要为筑巢劳神的雌鱼，会披上富有光泽的银色外衣，身体也因为卵巢里大量的鱼卵而变得臃肿。它们成群结队地巡游。在一片适宜的刺鱼栖息地，它们不断游过那些雄鱼各自占领的领地。雄鱼如果已经准备好接受雌鱼，就会作出反应，朝它们或者围着它们跳起一种奇怪的舞蹈（图 6）。舞蹈由一系列的跳跃动作构成。在这个过程中，雄鱼会先转过身，就像要游离雌鱼一般，然后又突然掉转身子朝向雌鱼，嘴巴张得大大的。有时候，它甚至可能会撞到雌鱼，但通常会在雌鱼面前恰到好处地停下来，接着，它又开始下一轮表演。这种 Z 字形的舞蹈会吓退绝大多数雌鱼，但是，其中某一条已经足够成熟、想产卵的雌鱼却不会被吓跑，恰恰相反，它游向雄鱼，与此同时，身体会保持微微向上竖立的姿势。雄鱼立即转身往巢游去，雌鱼则跟着它。到达巢的时候，雄鱼将它的嘴钻进入口，然后身体侧翻平躺，背朝雌鱼。接着，雌鱼扭动着钻进巢。通过尾巴有力的甩动，雌鱼穿过狭窄的入口，滑进了巢。它待在巢里，头从巢的一端突出来，尾巴则还在另一端外边。雄鱼开始用嘴戳雌鱼的尾巴基部，一下下地很快地捅戳。过一阵子，雌鱼开始抬起尾巴，很快就产卵了。产卵之后，它平静地游出巢，雄鱼轻轻地滑进巢来完成它的任务，给卵授精。然后，雄鱼会把雌鱼赶走，再回到巢边。它先把因两条鱼的穿行而弄坏的"屋

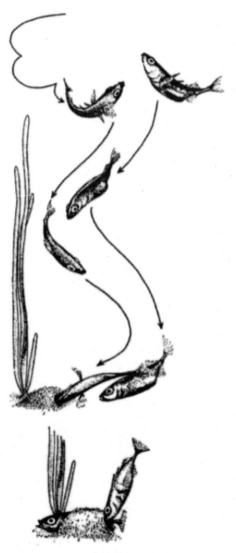

图 6 三刺鱼求偶行为的顺序

顶"修好，通常还会移动、调整卵的位置，确保它们受到屋顶的安全庇护。这就是整个交配仪式。没有"婚姻"，也没有"亲密关系"，雌鱼在繁殖过程中的全部任务就是产卵。照顾鱼卵和幼鱼，都是雄鱼的事。雌鱼和雄鱼之间的联系不过就是做出快速的相互反应，这些反应可以概括如下图。

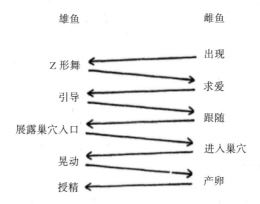

在几天里，雄鱼可能向两三条甚或更多的雌鱼求偶，因而在鱼巢里收集了几团鱼卵。然后，它的性冲动慢慢消退，不再做出求偶行为，而是表现出一些初为鱼父的行为（parental behavior），包括驱赶入侵者（不管对方是雄鱼、雌鱼、别的鱼或者捕猎者）以及为鱼卵供氧。供氧由一种引人注目的动作完成，通常叫作"扇水（fanning）"。站在巢入口的前边，头稍微向下倾斜，通过胸鳍的前后摆动，雄鱼将一股水流送向巢里。为了抵抗这个动作带来的身体向后移动的压力，它用尾巴作出向前游的动作，这样就使得它的身体始

终保持在同一个地点。通过这些动作, 水流会从鱼的上方和
下方流过, 部分水流进入鱼巢, 部分水流会流向鱼巢的后方。
鱼巢、环境、鱼卵一起构成复杂的刺激条件, 它们控制着鱼
的活动。在接下来的八天里, 它花在扇水上的时间不断增加。
最初, 每半小时大约 200 秒左右。随着时间的不断增加, 等
到一星期快结束的时候, 它四分之三的时间都在扇水。扇水
时间的增加, 部分原因是它逐渐增长的内部冲动, 部分原因
在于鱼卵慢慢增强的刺激。随着鱼卵的发育, 它们消耗的氧
气越来越多: 正是氧气的缺少激发了雄鱼扇水的行为。

七天或八天后, 幼鱼就从鱼卵里孵出来。但它们仍会在
巢里待上一两天。然后, 它们开始游动。当幼鱼开始游动的
时候, 雄鱼会突然停止扇水, 开始非常小心地保护幼鱼 (图
7)。一旦某条幼鱼游动着或者说扭动着想离开鱼群, 雄鱼就
会轻轻拍它的嘴巴, 或者往它背上吐水, 把它赶回鱼群。幼
鱼还太弱小, 逃不开雄鱼的管束。然而, 有一种情形, 你会
看到它们如何逃脱雄鱼: 它们一条一条地, 突然向水面猛冲,
碰到水面, 又迅捷地向下猛冲回来。雄鱼常常看见它们这么
做, 并会尝试尾随它们; 但也常常失去它们的线索, 只有在
它们又潜下来的时候才能重新发现它们。幼鱼这种奇怪的行
为有一种特殊的功能: 在水面, 它们吐出一个很小的气泡,
气泡是由身体里一条和鱼鳔相连的经过内脏的侧软管向外吐
出来的。最初的这个气泡到达水面之后, 鱼鳔自身就能产生

图 7　雄三刺鱼保护幼鱼

更多的空气。向水面猛冲的远足，每条幼鱼一生都会完成一次。因为两个原因，它们必须很快完成；既因为要逃避可能的捕猎者，也需要逃脱鱼爸爸的善良意图。

在接下来的两星期里，幼鱼的活动更加主动、自如，活动范围离巢越来越远。雄鱼团结幼鱼的倾向渐渐消退，但幼鱼们自己会保持群体生活，雄鱼仍然会保护它们。但渐渐地，它会失去兴趣，随之失去的，还有它鲜艳的颜色。几周之后，它就会离开领地，融入自己的同伴群体，而幼鱼则仍然会和自己年纪相仿的伙伴待在一起。

因此，三刺鱼的社会行为在许多方面都和银鸥的行为很像。为了让鱼卵受精，雄鱼和雌鱼之间有合作，尽管它们之间的关系差不多就到此为止。在雄鱼和鱼卵之间、雄鱼和幼鱼之间，以及幼鱼彼此之间，我们都可以发现社会关系，而且，它们还有争斗行为。幼鱼会以一些方式刺激它们的父亲，后者则会以父亲行为来做出反应。鉴于雄鱼强制幼鱼待在巢的附近，除了时不时把它们驱赶回来以外，父亲是否会对幼鱼施加别的影响，这仍不确定。

鳟眼蝶 [108]

现在，让我们来研究一种昆虫的行为。我会讨论鳟眼蝶（图 8），因为我对这种昆虫的行为了解得多一些。

秋天和冬天，毛毛虫待在栖息地的干草叶里。春末，它们变成蛹。七月初，蛹就开始化为蝴蝶。它们花些时间进食，吸食各种花的花蜜，或者造访一些能流出汁液的树，特别是那些受了木蠹蛾的破坏的树（它们总是钻进树里）。人们常常能看见几只鳟眼蝶成群出现，比如 5 只、10 只，或者更多，但它们的成群出现根本不是社会性的；它们只不过是受到了同样的外部刺激条件的吸引：食物的颜色或气味。很快，繁殖的行为模式就会出现。雄性鳟眼蝶停止觅食，静静地停留在地面或者树皮上。它们很警觉，一旦另一只蝴蝶飞过，它们就会飞起来追逐它。倘若飞过的蝴蝶是一只准备交配的雌性鳟眼蝶，对于雄蝶的飞近，它就会作出反应，降落到地面上。雄蝶尾随着它，也降落到地面。然后，雄蝶面朝雌蝶，

图 8 蟳眼蝶
上方：背视图；下方：腹视图。（雄蝶左翅的香鳞呈黑色轮廓）

慢慢走近。如果雌蝶的反应不是拍打翅膀（这通常意味着对方不是最佳的配偶，想把对方赶走），而是安静地待着，雄蝶就会开始它优雅的求爱。首先，它连续向前、向上挥动几次翅膀；然后，它让翅膀保持举起的姿态，因而前翅上美丽的白心黑色斑点显而易见；继而，它会有节奏地张开、闭合前翅，并抖动它的触角。这个过程可能持续数秒，甚至一分钟。然后，雄蝶会再次抬起前翅，最大程度地张开，并且慢慢抖动它们，尽管雄蝶的身子几乎不动，但它翅膀的动作看起来就像是在雌蝶面前深深地鞠躬（图 9）。然后，仍然以这种态度，它把两个前翅合拢在一起，用它们把雌蝶的触角轻轻握住。鞠躬的过程差不多一、两秒钟。然后，雄蝶收起翅膀，很快地绕着雌蝶走，直到它走到雌蝶后面。这时，它将自己

图 9 鳟眼蝶的鞠躬

的腹部向前，与雌蝶的交配器官接触。如果它成功做到了的话，就会转过身，背朝雌蝶，并用这种姿势完成交配。大约30分钟到45分钟之后，它们之间的接触会分开，雌蝶和雄蝶也会永远地离开对方。以后的生涯里，鳟眼蝶会永远做一个独身主义者，不再与任何同类发生社会关系。雌蝶会在草丛里精心挑选地方产卵，保证毛毛虫有足够的食物。蝶卵并不是成群地产在一个地方，毛毛虫也不与它的同类发生社会关系。因而，除了交配时的短暂联系以外，它们没有别的社会行为。

社会合作的类型

两个或多个个体的合作通常始于吸引；合作的个体绝不是偶然邂逅对方，它们是从比较远的距离向彼此走近。四月间，雄性夜莺（*Luscinia megarhyncha*）会到达夜莺的繁殖地。它们的到来很容易识别，因为它们的歌声响亮且持久。清晨起来观察它们，是桩很有趣的工作。你很快会发现，它们只在一小片区域里游荡，也就是它的领地。而且，所有的雄夜莺都很孤单，因为雌夜莺还没有到达。如果一天一天地持续观察一只雄夜莺，我们会在某一天发现，一只雌夜莺也到了，并加入雄夜莺。此后，它们就形成一对伴侣。要知道，这只雌夜莺是独自飞行的，而且比雄夜莺要晚到数天。它从地中海边的冬季大本营，经过长途飞行，然后在我们这个纬度找到一只雄夜莺。这可是非常了不起的事情。它是如何做到的呢？

另一个同样让人惊讶的例子是天蛾（Emperor Moths，*Saturnia*）。著名的法国昆虫学家法布尔（Fabre）研究过它的一个南方种属。他报道说，当一只雌天蛾从幽闭的蛹里孵化出来的时候，很快就会被许多雄蛾簇拥着，有些雄蛾显然是大老远赶过来的，因为这个物种在当地特别稀少。还有一些蛾类，也可以发现同样的现象，比如枯叶蛾（Lasiocampidae）、毒蛾（Lymantriidae），以及蓑蛾（Psychidae）。

这些例子让我们大为吃惊，因为乍一看，它们似乎取得了远比我们出色的成就。然而，与那些个体仅经历短距离跋涉就能相遇的物种相比较，它们本质上并不更为神秘。一大群蚊子，生活在海里的鼠海豚（Porpoises），农场上的一群鹅，以及其他许多群居的动物，它们是怎样做到彼此形影不离的？这些情况和前面的两个案例一样让人困惑。首先，我们不清楚它们动用了哪些感觉器官。它们能看见彼此吗？或者，能互相听到？能互相闻到？又或者，它们是不是使用了某种不为我们所知的感觉器官？进而，如果我们知道了它们使用何种感觉器官，它们为什么会遵循这些器官传递的信息？它们又如何能"知道"这些信息的意义？简言之，合作的机制是什么？另外，我们还想知道，它们的聚集服务于什么目的？在交配的情况下，我们知道它们的目的。但是，一群椋鸟或者燕子，它们聚集在一起的作用是什么？或者，让我们集中注意力于一个细节：雄性鳟眼蝶的"鞠躬"有什么功能？

当动物聚集在一起的时候，我们可以观察到许多不同类型的合作。最简单的合作是"跟着别人做"。一只椋鸟飞起来，其他椋鸟也跟着飞起来。家养的母鸡，哪怕它已经吃饱了，倘若看到自己的同伴又开始吃了，它就会加入它们，重新再吃一顿，正如我们前面提到过的三刺鱼一样。[37]正如迈克道格尔（McDougall）所云，[38]这种"同情归纳（sympathetic induction）"原则在许多社会动物里都起作用，也包括人。看到别人打哈欠，我们也会打哈欠；看到别人表现出强烈的恐惧信号，我们也会被吓到。这和模仿没有关系；作出反应的个体并不是通过观察别的同类做出某个行为才学会做同样的举动，它们是被带入了同样的情绪，然后以天生就会的行为做出反应。

椋鸟或其他涉禽的空中表演揭示了另一种类型的合作。这类动物不仅会在别的同类飞走的时候跟着飞走，可以说，它们飞行的方向就是其他同类的方向。在冬夜，看着成百上千的椋鸟在它们的栖息地上空飞舞盘旋，是特别让人着迷的事。它们好像听从同一个命令：左转，右转，向上，向下。它们的合作看起来如此完美，以至于你可能忘记它们是一个一个的个体，并且自然地将它们看作"一群"，就像一个巨大的"超级个体"一般。

在这些案例里，动物们共同参与完成一件事情。不过，在其他许多社会合作的情况里，也会存在劳动分工。比如，拿猛禽来说，雄鸟通常要捕猎整个家庭的食物，而雌鸟则守护着幼雏。雄鸟把食物带到巢里，不过，它并不会亲自给幼鸟喂食；它会把食物交给雌鸟，雌鸟再把食物喂给幼鸟（图10）。许多鸟在第一窝幼鸟可以照顾自己之后，就会开始孵育第二窝。这意味着，父母必须既要孵化新的蛋，同时还要保护第一窝雏鸟。对欧夜鹰（Caprimulgus europaeus[44]）来说，这些职责有明确分工；雄鸟和幼鸟待在一起，雌鸟则坐下来孵另一窝蛋。环颈鸻鸟（Charadrius hiaticula）是轮流来，双方时不时地互相替换，好让对方休息一下。替换的时候，保护幼鸟的一方会跑回鸟巢，坐着孵蛋的伴侣则跑去看护幼鸟。[49] 这当然要求亲密的合作，以及时间上的同步协调。

图 10　雄红隼将猎物递给雌鸟

　　蜜蜂把劳动分工推行到了极致。蜂后独自完成产卵。除了让圣洁的蜂后受精外，雄蜂再没有别的任务。其他一切活，都是那些不能生育的工蜂的事。有些筑巢，有些喂养幼虫，有些保卫蜂房驱赶入侵者，还有一些则飞出去采蜜或者花粉。

　　劳动分工常常是互惠的。鳟眼蝶的交配行为，以及其他许多物种的行为，都是很好的例子。雄性的求偶，刺激雌性去进行合作，在实际的交媾过程中，雄性和雌性也完美地相互配合，包括它们的性器官。这种合作产生效果的方式，根据物种的不同有很大的差异。通常，比我所描述的几个物种要更为复杂，比如蜻蜓、鱿鱼、蜗牛，或水螅。然而，哪怕是最简单形式的互惠合作，都提出了许多尚未得到解答的问题。任何人，如果他花上一小时去观察乌鸫，或者其他鸣禽，看它们给幼鸟喂食，都会观察到合作行为。在父母出去觅食

图11 乌鸫给幼鸟喂食

的时间里，幼鸟安静地躺在巢里。然而，一旦父母飞回来落在巢边，幼鸟就会站起来，伸长脖子，并且"瞪视"（图11）。作为回应，父母会蹲下身来，将食物吐到一只只幼鸟的嘴里。幼鸟吞下食物，重新躺下。这并不是合作的结束，通常，父母还会等一会，仔细地看着巢里。很快，我们就在幼鸟群里看到一种活动：某一只或两只幼鸟开始扭动它们的腹部；泄殖腔周围环状的羽毛展开，几乎同时，一团粪便通过泄殖腔排出来。父母马上会叼起它，旋即吞下去，或者把它叼到离巢一定距离的地方扔掉。以这种方式，巢里的公共卫生通过合作得以保持：幼鸟熟练地把它的排泄物卸货，它们的父母则叼起来扔掉。

用嘴哺育的鱼，提供了另一个互惠行为的例子。以纳塔尔罗非鱼（Cichlid ; *Tilapia natalensis*）为例。在雄鱼给鱼卵授

图 12　幼纳塔尔罗非鱼返回雌鱼嘴里

精之后，雌性纳塔尔罗非鱼会立即用嘴噙起鱼卵，并始终用嘴含着它们。幼鱼孵化以后，最初，它们待在母亲的嘴里。几天后，它们成群结队地游出来，但仍会待在母亲附近。一遇到危险，就马上游回母亲嘴里（图 12），母亲会张开嘴收留它们，直到危险解除。

　　动物之间进行合作的小故事，当然还有许许多多。动物王国里可以发现的此类现象，谱系也非常多样，远非此书所能完整容纳。

　　总的来看，所有已知的现象都可归为四类。每一类现象我们都通过一种或几种动物予以了展示。

　　首先，雄性和雌性会为了交配走到一起。它们的合作使得雌性受精产生新的幼体，并保护幼体能够成长。它所服务的目的，配偶的任何一方绝不可能单独完成。通常，雄性和雌性双方都会有积极、主动的方面，尽管雄性往往比雌性要更为主动些。

其次，父母双方，或者其中一方，会照顾、保护幼雏，直到它能不依赖保护而生活。就结果言之，这种关系是单方面的。父母帮助幼雏，但幼雏并不帮助父母。然而，一种粗浅的观察就能表明（它实际上也能被分析所证实），父母和孩子之间也有相互合作，在这个意义上，即幼雏会刺激它们的父母以释放它们的反应，正如父母也会刺激它们的孩子以释放其反应。

再次，对许多物种来说，个体之间的联系会超越家庭生活，向群体生活扩展。既然群体生活展示了许多家庭生活的特征（对许多物种而言，它们的群体生活可能不过就是家庭生活的扩展），家庭组织和群体组织可以放在一起予以讨论。

最后，个体间的联系也可能以另一种不同的方式建立起来：它们会争斗。乍看起来，争斗似乎恰好与合作相反；它充满敌意。不过，我将要表明，同种动物之间的争斗，尽管对个体绝无好处，但对整个种群而言却是有益的；这听起来似乎有点矛盾。动物在争斗过程中遇到的危险，和它们在交配、繁殖、保护幼雏时遇到的危险没有本质上的差异，尽管可能有程度上的区别。然而，交配和护雏很显然是服务后代，这对整个种群都是有益的，但争斗行为却没有这种直接的益处。在第四章，我们会看到，争斗也有其生物功能，因而，我们也需要去分析这种类型的联系。

　　下一章，我们会探究，不同的物种是如何以多种多样的方式来组织这四种社会合作的；在顺序上，我们会根据四种社会合作的功能来安排，而不是它们的底层机制。

照片 1　雄三刺鱼：对镜子里的映像展示威胁姿态

第二章

交配行为

交配行为的功能

许多动物，尤其是生活在海洋里的物种，它们确保卵细胞受精的方式极其简单，以致几乎谈不上交配行为。以牡蛎为例，它们会在每年的特定时段排出数量庞大的精细胞，每一只个体，在一段时间内，都会为一团精细胞构成的"云团"所包裹，卵细胞几乎不可能避免受精。然而，还是有一种重要的行为牵涉其中：如果不同的牡蛎个体未在同一时间排出它们的精细胞和卵子，那么受精也不会成功。因此，一种精确的同步（synchronization）十分必要。正如我希望表明的那样，这种同步同样适用于陆地生物。

很多更高级的，特别是生活在陆地上的动物，受精则涉及交配或交尾。这就要求比单纯的同步更多的东西——肢体接触。它是大多数动物都会回避的事情；这种回避是一种适应性，它属于抵御捕猎者的行为的一部分，因为被触碰通常意味着被捕获。另外，处于实际交配过程中的动物（尤其是雌性），同时也处于危险且毫无防备的境地，对它们而言，交配行为包括对逃跑行为的抑制。因为，在受精之后，通常会由雌性照看产下的卵，并且对大多数物种而言，雌性比雄性承担了更多喂养和保护幼雏的工作，所以，雌性是生物资本中更有价值的部分。而雄性通常能使不止一个雌性受精，这提供了额外的理由，它说明了为何雄性的生物学价值低于雌性。因此，毫不令人惊奇的是，雌性比起雄性需要更多的说服；这或许是一个主要理由，它说明了为何求偶多由雄性来操心。而对雄性的说服则是出于不同的理由。大多数物种的雄性在交配季节都会变得极其好斗，雌性也有可能遭到攻击而非追求，除非它们能够安抚雄性。

此外，除了同步（即对交配的时间模式的协调）之外，还必须要有对空间距离的协调：雄性和雌性必须找到彼此；在实际交配过程中，它们必须让各自的生殖器官相互接触；并且，在此之后，精子要能够找到卵细胞。这些定向（orientation）都是交配行为要完成的任务。

最后，避免与其他物种产生交配行为也有其额外价值。因为各个物种的基因，以及那些由基因产生的极度复杂的发育进程，对各个物种而言是各不相同的，不同物种之间的交配会把具有明显差异的基因混在一起，这会轻易地破坏生物发展的微妙平衡。不同物种之间的交配时常产生无法存活，或在生长之初便夭折的胎儿；在一些不太严重的情况下，这些混血儿或许能存活下来，但相较而言，它们生命力会更弱，或是缺少繁殖能力。种内交配的这种额外价值，使得不同物种的交配模式发展出差异，以至于每一个体都能够轻易地"认识到"它们各自所属的物种。

因此，除了实际交配之外，同步、说服、定向和生殖隔离都是交配行为的功能。

本章针对的问题是：这些功能是如何满足的？社会行为在其中扮演什么角色？它又如何实现相应结果？我需要在开始前先说明：有关这些问题，我们掌握的知识非常零散。关于上述每个问题，我们都掌握许多碎片化的信息，但这些知识中，有的部分仅应用于一些物种，其他部分则仅事关另外一些物种。我们并不掌握这些物种的完整图景。而我唯一能做的，就是呈现各种交配行为的案例，以使以下目的能够实现：通过未来对交配行为的探索，能够进一步确定，应在何种程度上将这些碎片化的发现加以概括。

有件事情现在看起来已比较明朗：所有相关的行为都处于相对较低的"心理"级别，它们既不暗含实现上述目的的远见，也不是以实现它们为目标的经过深思熟虑的行动。如我们所见，除了人（也许还包括某些猿类）以外，所有动物的交配行为，都由动物对内外部刺激所作出的直接反应所构成。这类

行为的"富有远见"的结果，并不能作为这些行为的原因。尽
管在人类身上，它的确是以这种极其神秘的方式运作的。

一些关于定时的案例

关于牡蛎（Oyesters，Ostreadulis）的生殖行为的定时，
最近的研究已表明，[41] 它是一些意想不到的外在因素的结
果，因而在严格意义上说，它不是一个社会问题。但在此将
其作为一个案例进行讨论仍是有益的，在这类案例中，可以
这么说，由外在因素决定的行动时常"冒充"社会合作。

大概在牡蛎产卵的八天之后，幼体便如蜂拥般聚集。它
们会过上一小段漂浮生活，之后很快落到坚固的基质上。在
荷兰，斯海尔特河（the Scheldt）泥泞的入海口，牡蛎饲养者
会在海底放置一些瓦片作为人工基质，以此来增加他们的牡
蛎储量。但是在牡蛎幼体蜂拥而至之前，这项工作不能做得
太过，因为其他一些生物可能在牡蛎定居前就在瓦片上大肆
生长。一位动物学家想要知道他是否可以预测幼体潮到来的
时间，他基于许多年的研究，得出了看起来十分惊人的预测：
"最大的幼体潮预计在每年的 6 月 26 日和 7 月 10 日之间到来，
大约是在满月或新月的十天之后。"（图 13）这听起来像是无
稽之谈，但却是不争的事实。因为，幼体潮发生在牡蛎产卵
之后的八天，它意味着，产卵时间预计在满月或新月之后的

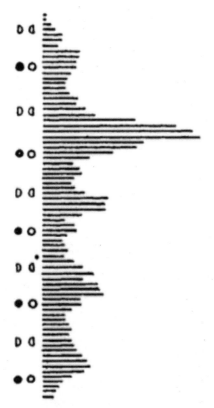

图 13 牡蛎幼虫潮和月相有联系
（基于六月至八月连续 74 天的观察）

两天。这为我指明了决定牡蛎产卵时间的因素——潮汐。产
卵在春潮时进行，但春潮如何对牡蛎产生影响，尚不得而知；
或许是水压的缘故，因为在春潮时水压的变化幅度会达到最
大值。另外，透入海底的光线强度也会在同一时期达到最大

波动，这也可能是影响牡蛎的因素。

因为牡蛎并不是在每一个春潮都会产卵，所以，必定有其他因素，使它们只为 6 月的春潮做充分准备；而这一因素我们也尚不知晓。该因素的运作远不及潮汐那般精确，尽管最大产卵期发生在 6 月 18 日到 7 月 2 日之间，但是在此时期前后的春潮，也会出现小的产卵高峰。我们并不知道，对牡蛎而言这个因素是什么，但我们在其他动物那里能够知道一些。

不仅仅是牡蛎，已知的其他几种海洋动物，也根据潮汐调整它们的时间。其中有著名的太平洋矶沙蚕（Palolo worm of the Pacific），还有其他一些蠕虫和软体动物。

对于更高级的动物，定时是一件更复杂的事情。已知的是，北温带的一些鱼类，鸟类和哺乳动物，会在春天伊始达到繁殖的最高峰。[9, 76] 繁殖的第一阶段，是向着繁殖地迁徙，所有种群内个体几乎在相同的时间开始迁移，尽管第一名和最后一名到达繁殖地的时间可能会相差数周。这种严格的定时同样不是因为社会行为，而是出于对外部因素的反应。一个主要的外部因素是，晚冬时节逐渐变长的白昼。多种哺乳动物——鸟类和鱼类——都曾接受过人工日照，结果是，它们大脑的脑垂体开始分泌出一种激素，这种激素促进了它们的性腺发育，而后，性腺开始分泌性激素，这些性激素在中枢神经系统中的活动，激发了繁殖的第一行为模式——迁徙。通常，环境温度的上升也会带来额外的影响。

正如我曾提到的那样，这种定时程序并不十分精确。不同的个体，对于白昼时间的延长，并不总是以相同的灵敏度作出反应。在一对雌雄性之间，可能会产生明显的差异。研究表明，对于鸽子以及其他一些动物，如果雄性比雌性年长许多，那么它不懈的求偶行为就会加速雌性的发育。这一发现源于下述案例。如果把一只雄性和一只雌性关在两个相邻的笼子里，它们能够看见，甚至触碰到彼此，但却不能交媾，那么，雄性坚持不懈的求偶行为会最终导致雌性的产卵行为。[14, 15] 当然，这种行为是无果的。在圈养的情况下，如果没有雄性可交配，也可能出现两只雌性鸽子的配对，而它们其中一只，会表现出所有通常由雄性做出的行为。并且，尽管两只雌性鸽子的生殖节律可能在一开始并不一致，但它们最终还是会于同一时间进行产卵行为。不知道为什么，它们相互之间的这种行为必定会产生同步，不仅仅是行为，就连卵巢中的卵子发育也会产生同步。

这种影响同样也可能在其他物种当中发现。达琳（F. F. Darling）曾表明，在鸟类聚集地，繁殖期的公共求爱也会产生相同的影响。[18]

对同步的进一步精确化是必要的。对所有需要或不需要交媾的物种而言，雄性和雌性之间的合作必须按照精确的"时间表"来执行，没有这张时间表，则没有任何繁殖得以可能。仅在极少数物种当中，雄性能够通过武力迫使雌性违背自身意愿与其交配。这意味着，对许多物种来说，存在着某种非常精确的同步，它是整个交配行为的第二部分。这部分通过某种信号系统来完成。我将以三刺鱼为例来进行讨论。[101] 在前文提供的交配行为的图式中，（见第 34 页图）箭头不仅仅表明时间序列，同时还指示因果关系：每个反应实际上都作为一个信号，它会引起配偶的下一个反应。比如，雄性的 Z 字舞会使得雌性靠近，雌性靠近会促使雄性进行引导，雄性的引导则会刺激雌性跟随，等等。借助一些模型或仿真动物，这些现象很容易得到展示。如果用一个制作十分粗糙的怀孕雌性三刺鱼模型，放入一条雄鱼的领地中，（图 14）这条雄性三刺鱼就会靠近模型，并表演 Z 字舞。当模型朝着雄鱼的方向"游过去"时，它便会调转方向，引导"雌鱼"进入其巢穴。

怀孕的雌性三刺鱼，也会对雄鱼模型作出相似的反应。同样，一条粗糙的雄鱼模型就足够了，只要把它的下身涂成红色，而画上一双亮蓝色的眼睛同样会有所帮助，除此之外，其他的细节都是不必要的。如果这样一个模型在一条怀孕的

图 14　雄三刺鱼向雌鱼的粗糙模型求偶

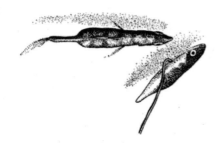

图15 雌三刺鱼追随"展示鱼巢入口"的雄三刺鱼模型（从上看）

雌鱼身边，拙劣地模仿Z字舞蹈，雌鱼仍会转向模型并接近它。这时，如果让模型转身游走，雌性就会跟上它，并且我们可以让这只雌鱼尝试"进入"水族箱底的任何一处，只要让模型表现得像是在"展示巢穴入口"就行了。（图15）真正的巢穴也不是必要的，只要让模型做出相应的动作，就足以刺激雌性作出反应。

在这些案例中，鱼儿们并不是只对配偶的动作有所反应，对一些特定的形状和颜色，它们也会作出反应。如果雌鱼模型不像真正的雌鱼那样有隆起的腹部，那么它也不会，或者说，几乎很难激起雄鱼的舞蹈；如果雄鱼模型的下身没有红色，雌鱼同样不会对它有任何兴趣。另一方面，任何其他的细节带来的影响都极少，甚至于毫无影响，所以我们能轻易地激起三刺鱼的交配行为，只要用一个粗糙但"怀着孕"的雌鱼，而不是一条生动但没怀孕的雌鱼。然而，隆起的腹部和红色的半身，这些持续展现的因素，都不能为雄性的响应定时负责。能够为精确的定时负责的，是引起响应的那些突然且短暂的动作。

三刺鱼的交配行为，即是由这些信号响应的序列构成的复杂链条，它的最终结果是，雄性在雌性产下卵之后迅速使其受精。要观察这些行为，并执行之前提到的那种模型实验，并没有太大困难。三刺鱼会很乐意在一立方尺或更大的水族箱里繁殖。水族箱底部需要有一些沙子，以及足量的绿植，其中要包括一些绿线藻。

许多物种的交配行为都涉及这类信号动作，是这些动作完成了同步的最终精确化。

说服与安抚

即便一只动物正处于性活跃状态，它也并不总是立即对异性的示爱作出反应，克服雌性的抗拒需要相当的时间。比如，雄性三刺鱼的 Z 字舞蹈，也并不总是能立刻引起雌性的响应。雌性在靠近时可能踌躇不决，也可能会在雄性试图引导它进入巢穴时停止跟从。在这种情况下，雄性会转过头，再次表演它的 Z 字舞。往复几次之后，雌性才可能最终屈服，并跟随雄性进入巢穴。

在雌鱼进入巢穴后，类似的信号重复仍是必要的。雌鱼排卵需要雄鱼在一旁持续不断地摆动。如果在雌鱼进入巢穴后把雄鱼带走，那它就无法排卵。要是你用一个玻璃棒轻触雌鱼，就好像雄鱼在一旁触动它，那它就会像受到了雄鱼的刺激一般顺利排卵。相同的地方仅在于，雄鱼和玻璃棒都反复多次触碰了雌鱼。

对许多物种而言，这种信号的重复是一种规则。以反嘴鹬（Avocet）为例，在它们交配前会有一系列古怪而滑稽的动作：雄鸟和雌鸟会直立着，以仓促且略显"紧张"的方式整理它们的羽毛。稍后，雌鸟会停止整理羽毛，并放平自己的身体。（图 16）这个信号表明雌鸟已经准备好交配，并且，只有在此信号发出之后，雄性才会采取行动。有些时候，雄性不会立刻作出反应，而是要等上一段时间。

银鸥（Herring Gulls）也有类似的特性。雌鸟和雄鸟在交配前会反复向上抬头，并在每一次抬头时发出柔和且悦耳的鸣叫。（图 17）在银鸥的交配行为中占据主动权的是雄性：在反复多次相互点头之后，雄性银鸥会迅速上前进行交配。

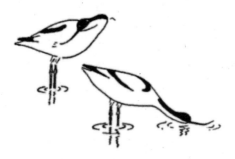

图 16　欧洲反嘴鹬交配前的展示

图 17 银鸥交配前的展示

　　有的时候，说服还有其他的一些功能。对许多鸟类和一些其他物种而言，雄性在繁殖季会变得极富攻击性。实际上，我们看到的动物间的争斗，通常发生于春天，在两只竞争配偶的雄性之间。这种争斗必不可少。它总是以雄性竞争者为对象，而雌性必须与雄性有所不同，以免受到雄性的攻击。对于一些物种，例如苍头燕雀（Chaffinch），红尾鸲（Redstart），或是各种山鸡（Pheasant），羽毛的差异起到了区分雌性的作用。而另一些物种，比如鹪鹩（Wren），雄性和雌性的羽毛并没有太大差异，甚至是完全一样的，在这种情况下，雌性必须做出特定的行为以抑制雄性的攻击意图。这种"雌性求偶"行为，在本质上是为了避免被攻击。对于正在展示自己的雄性，一些陌生的雄性可能会从它们身边逃开，这样的举动会立即引起追逐；它们也可能阔步上前，并以威慑作为回应，这也会激起展示中的雄性的攻击性。而雌性并不会做出上述任何一种行为。鳑鲏鱼（Rhodeus amarus）这种生物不太一样，雌性在一开始会受到攻击。[8] 之后，雌性要么安静地撤开以躲避攻击，要么游到雄性的下方，不久后，雄性就会停止攻击，并开始向雌性示爱。（图18）类似的姑息处理也可以在丽鱼（Cichlids）身上看到。[5]另一些物种的雌性会展现出幼年行为，也就是说，它们采取和幼体一样的方式来抑制雄性的攻击性。这就说明了为什么许多物种的雄性会在求偶过程中喂养雌性。在银鸥身上就曾观察到这种现象。还有一些物种，它们在求偶期间采取的安抚姿态会不同于幼体。雌性（在有的物种中是雌雄性双方）会展现某类行动，这种行为与威慑行为在各方面都严格地相反。比如，当黑头鸥（Blackheaded Gull, Larus ridibundus）在交配季相遇时，它们会采取"向前姿态"；它们会放低脑袋，并用嘴巴对着彼此。（见72页照片2）这种威慑姿态因它们棕色的脸而得到强调——棕色的脸庞将红色的嘴（也即是真正的武器）围绕

图18　雄鳊鲏鱼向产卵中的雌鱼求偶

在中间。而雄性会通过"扭头姿态"表达善意；（见72页照片3）它们会伸展颈部，然后迅速而流畅地转过头，让脸部背离彼此。[109]因为黑头鸥无论雄雌都具有攻击性，因此它们会相互安抚彼此。

对于一些结网的蜘蛛，它们的雄性会在雌性的蛛网上面对雌性作出邀请。这种情况下，雄性必须要安抚雌性，否则它可能会被错认成猎物。

定向

求偶行为的另一个重要的功能是空间定向。最显然的是，它需要满足吸引功能。许多鸣禽，诸如夜莺（Nightingale），会在远离繁殖地的地方过冬。先前提到过，雄鸟会比雌鸟先行回到南方，这种情况下，雌鸟如何能够找到雄鸟呢？它们依靠歌声。许多鸟类会通过制造一些吵闹的响声来吸引异性。我们偶然发现，夜莺制造的响声显得十分悦耳，以致我们称其为"歌声"。但雄性苍鹭（Grey Heron，Ardea cinerea）发出的刺耳"哭喊"声则不太能吸引人们的耳朵，尽管它确确实实能吸引雌性苍鹭；这种声音与夜莺的歌声实际上具有相同的功能。夜鹰（Nightjar）快节奏的"咯咯"叫，啄木鸟（Woodpecker）敲击木头的声音，以及蟾蜍的"呱呱"声，（见73页照片5）都属于此类。所以，这些"歌声"实际上是许多鸟类专为吸引异性而"编排"的，在雄性都尚未配对的时候，这种歌声最为热烈，一旦雌性到来，这种歌声就会停止。这种行为同样也产生多种利害的冲突。歌声使得一些物种能够吸引雌性，并且，我们在之后会看到，它还能压制竞争配偶的雄性。同时也使得雄性处于危险境地，因为歌声同样也会吸引捕食者。一如往常，大自然演化出一种折中方案：歌声只会在它真正被需要时才会出现，或至少是在收益大过风险的时候，动物们才会歌唱。

我们发现，听觉吸引是相对稀少的一类，因为大多数动物都不具备听觉（只有脊椎动物和少数其他动物例外）。它在鸟类，青蛙，蟾蜍当中得到了较好的发展，还有许多昆虫也采取这种方式，比如蟋蟀和蚱蜢。制造声音需要用到这些物种所独有的特殊器官。

其他一些动物将气味作为吸引异性的方式。比较极端的案例是飞蛾。以蓑蛾（Psychid Moths）为例，关于这种动物，已有一定程度的研究。[62] 雌性蓑蛾已经失去了飞行的能力；它们实际上并没有翅膀。在孵化之后，雌性很快会离开它的管状庇护所，在那里它度过了自己的幼虫和蛹时期。但它并不会向更高处去，而是悬挂在庇护所的下方。雄性蓑蛾有飞行的能力。在孵化后，它们很快会离开居所，并且展开翅膀寻找雌性。这个寻找过程受气味引导，那些未交配的雌性会释放这种气味。在其他许多种飞蛾身上，气味吸引也

图 19　帝王蛾：雄性的触角上有灵敏的嗅觉器官

得到了高度发展，比如帝王蛾（Saturnia，图 19）和枯叶蛾（Lasiocampa）。这些物种中的雄性通常能在相当一段距离内找到雌性，它们羽毛状触须上的嗅觉器官高度敏感。要观察这些行为并不困难，我们很容易找到毛虫幼体，让它们结蛹，孵化，然后就能看到，野生飞蛾会为了寻找待交配的雌性而飞进屋子。

对许多物种而言，视觉吸引占据了相当的部分。三刺鱼很好地发展了这种功能。在造好巢穴之后，雄性三刺鱼会展现它最为华丽的"婚前"体色。身体下部的红色会变得更加艳丽，而它背上的暗色，会在建造巢穴的过程中变成荧光灯般的蓝白色。同时，雄鱼的行为也会改变。在建造巢穴时，它的动作十分柔和，并且会避免太过突然的动作；而完成巢穴后，它会连同那身哪怕隔得很远也能看见的惹眼装扮，以急促且多变的泳姿徘徊在领地周围。

很多鸟类在听觉吸引设备上加装了视觉展示。这在大多数生活于开阔平原上的鸟类身上得到了很好的发展。生活在北极苔原的鹬鹬（Waders），以及许多生活于美国湿地的鸟类，都在这方面有明显表现。（图 20）另外，时常可以看到，一些鸟类会将鲜艳的色彩和特别的动作结合在一起，比较好的例子有凤头麦鸡（Lap-wing）、黑尾塍鹬（Black-tailed Godwit）、黑腹滨鹬（Dunlin）以及其他一些鹬鹬类。还有些物种完全专注于动作吸引，而缺乏色彩吸引；这种情况可以在一些著名的鸣禽身上看到，它们是田云雀（Pipits）和百灵鸟（Larks）。专注于色彩的情况同样存在：流苏鹬（Ruff，Philomachus pugnax）并没有特别的歌唱技巧，它们只依靠自己华丽的色彩。但它们进化出另一种信号动作：有时，雄性流苏鹬会"炫耀"它们的翅膀，在阳光下，它们的翅膀会显得格外耀眼。（见 76 页照片 6）这种展开翅膀的动作只会出现在有雌性飞近的时候，它似

图20 飞翔的凤头麦鸡

乎有着吸引附近雌性的效果。这些炫耀自己的鸟儿还遵循另一条原则——"花坛原则",意思是说,通过集中在一起,雄性流苏鹬的色彩影响会在总体上增强;它们凑成一团巨大而华丽的色块,看起来就像一个花坛。

上述情况中吸引机制的影响,只有一小部分得到了实验证明。雄性三刺鱼的红颜色被证实可以吸引雌性;没有红肚子的模型不能吸引雌性。歌声的影响在蚱蜢身上得到了证明;图 21 说明了相应的实验。一个笼子隐藏在石楠丛中,里面关着一种会"唱歌"的蚱蜢(Ephippiger);在另一个笼子里,关着同样数量的蚱蜢,但是它们摩擦发声的器官被黏合了起来,因此不能发出声音。这只是一个微型手术,它并不影响

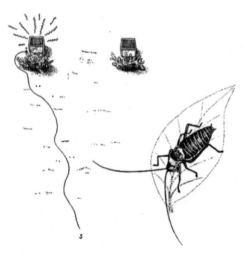

图 21　研究蚱蜢歌声功能的实验

这些动物自由进行其他任何活动。之后，我们在十码远的地方释放正处于交配期的雌性。它们很快就不约而同地朝着发出歌声的笼子飞去。

从各类情形中的吸引影响中得出的结论，得到了上述实验的证实。但我们仍需要更进一步的实验工作。

吸引生效并不意味着求偶的定向任务已经完成。在实际交配中，雄性必须让它的性器官与雌性的性器官相接触，而这同样需要定向的力量。这种定向在昆虫当中最为明显，雄性拥有一个复杂的抱握系统，以确保其性器官能够对准雌性的相应器官。但是，在一些"机械化"程度较低的动物身上，比如说鸟类，这种问题同样存在。雄性无法让其泄殖腔与雌性的相接触，除非它先对雌性的定向刺激作出回应。然而，对于该行为的机制，我们所知甚少。

生殖隔离

物种间的杂交在自然界中极其罕见。不同物种对栖息地的不同偏好仅仅是一部分原因。一些近缘的，但是在地理上完全分隔的物种，或是生活在同一区域，但繁殖习性不相同的物种，会被空间隔离阻断它们之间的交叉繁殖。但是，即便没有这种隔离，物种通常也不会进行异种交配。这是因为，信号吸引、说服、安抚和同步这些机制在不同物种间有着很大差异。同时，对此类信号作出反应的倾向也是确定的：每只动物都内在地具备一些倾向，它们只会发出自己物种的特有信号，同时只对自己物种的信号作出反应。但是，人们时常在自然界中看到一个物种对其他物种的个体作出性反应。以我研究了几个季度的鳟眼蝶为例，它们的求偶活动始于雄性跟随雌性飞行。这种追求并不只对雌性鳟眼蝶展现：其他种类的蝴蝶，甲虫、蝇类、小鸟、落叶，甚至是自己投在地上的影子，都会吸引雄性鳟眼蝶。但它们为何从不与其他物种交配呢？在鸟类、鱼类和许多其他动物身上，类似的观察结果会让人们产生同样的疑问。

答案似乎可以从交配行为的链状特性，以及行动的配对当中寻找到。当一只雌性鳟眼蝶想要进行交配时，它会以一种特别的方式回应雄性的追求：它会下降。所有其他的物种通常会做出相反的举动：如果它们厌烦了一只尾随的雄性鳟眼蝶，它们会尽可能快地飞走，这会使得雄性鳟眼蝶停止追求。只有一些近缘物种会偶尔作出恰当反应（见73页照片4），但人们从未观察到由此引发的交配行为。三刺鱼展现出一种极其近似的行为。雄性三刺鱼会对一条进入其领地的小丁鲷（Tench）跳起Z字舞。然而，交配行为要想继续下去，必须要它的搭档朝着它游过来。即便丁鲷不经意间游向了雄刺鱼，它仍需要跟随雄刺鱼前往其巢穴，还必须进入巢穴，然后还得在刺鱼释放其精子之前进行排卵。换句话说，丁鲷必须依照雄性刺鱼的求偶行为，作出一系列正确的回应，包括最后的"摆动"动作。这种情况发生的概率极低，以致从未被观察到过。信号刺激与链条中单独的反应相对应，可能还不足以阻止生物对其他物种作出反应，但是，由于每个单独反应都需要通过不同的信号刺激，它们合在一起，就足以阻止物种间的交配。这在有"相互求偶"行为的物种身上表现得很明显。因为两性各自会展现一系列求偶活动。类似鳟眼蝶这样的物种，它们之中，只有雄性会进行一系列求偶活动，而雌性看上去只需要等待，即便如此，雌性也会提供一系列刺激：实验分析已经表明，雄性的各种活动（在第一章已经提到）当中，每个反应所需要的刺激都是不同的。

　　这种专一性在近缘物种之间显得尤为重要。之后，我们将会看到，近缘物种的行为模式，就像它们的形态学特征一样彼此相似。它们单纯就是没有足够的时间，来完成广泛的进化趋异。但是，有些物种仍保持着交配模式上的显著差异，至少，在空间隔离（地理学或生态学意义上的）或时间隔离（交配季的时间差异）未能使这些差异变得完全不必要之前，它们仍是显著的。举例而言，十刺鱼的交配行为十分接近三刺鱼。然而，它们的雄性进化出了颜色不同的"婚妆"。春天的雄性十刺鱼有着漆黑的体色，正如红色能够吸引雌性三刺鱼那样，黑色会吸引雌性的十刺鱼。（图22）这一点，再加上一些行为上的微小差异，足够让物种间的交配变得罕有。

图 22　雄十刺鱼向雌鱼展示鱼巢入口

科学家们只在果蝇（fruit flies，Drosopholia）身上系统地研究过生殖隔离问题。[84]一个研究结果是，跨物种交配会在求偶过程的不同阶段被中断，具体何时中断则取决于所讨论的物种。任何时候，当我们在一连串一致的观察中发现求偶中断时，它都会是一个信号，标志着一个未被正确释放的响应。更进一步的结果表明，在某些情况下，雄性生物无法给出正确刺激，而另一些时候，犯错的也可以是雌性。

结论

一个简单且概括的观点，或许足以展现一对动物配偶的交互行为模式的复杂本性。已经得到展现的是，我们必须对求偶行为的四种不同功能作出区分。这并不意味着个别的求偶行为只能满足其中一种功能。以雄性刺鱼的 Z 字舞为例，它同时满足定时、说服、定向和隔离功能，但是三刺鱼和十刺鱼的"婚妆"颜色，只能通过隔离功能来进行理解。同样地，我们知道一些求偶行为满足定时和说服功能，但不能实现定向功能：比如雌性鳟眼蝶，它可以被一只雄性的求偶行为所说服并定时，但却与另一只雄性交配，这种情况中，前一只雄性鳟眼蝶未能成功定向以使雌性朝向它。相似地，雄性鸽子持续地"鞠躬"且不停地咕咕叫，并不能够定向雌性，但是这些举动会促使雌性鸽子开始排卵。生活在加拉帕格斯群岛（Galapagos islands）上的各种近缘的"达尔文雀（Darwin's Finches）"，曾被发现有几乎相同的求偶行为。[48]但它们之间并没有发生种间交配。此处的生殖隔离一部分受到生态学隔离的影响，另一部分原因是，不同物种只对种内独特的细节作出反应：不同物种在食物选取上有所不同。在这种情况下，求偶活动未能为生殖隔离功能做出贡献，但它确实满足了其他三种功能。

在所有这些求偶活动的案例中，无论它们各自的功能在细节上有何不同，有一点是共通的：它们发出会让异性伴侣作出回应的信号。在之后的章节中，我会更详细地讨论这些信号的本质与功能。会在之后变得逐渐清晰的一点是，许多已有的结论和概括是有待讨论的，因为所掌握的实验证据过于零散。我们仍需要在模型的帮助下进行大量的实验。

照片 2　黑头鸥的向前威胁姿势

照片 3　黑头鸥的摇头

照片 4 一只雄鳟眼蝶（左）向近亲的河鳟蝴蝶的雌蝶求偶

照片 5 正在唱歌的雄性黄条背蟾蜍

第三章

家庭和群体生活

序言

在第二章，我们讨论了一对动物配偶之间的关系，它们通过合作一起达成相同的目标。对于一个家庭，合作是一件更复杂的事情，因为这不仅涉及雌雄两性之间的关系，还涉及父母与子女的关系。另外，家庭活动所指向的目标也更加复杂。父母需要提供庇护所和食物，同时保护幼雏免遭捕食。对于所有这些功能，家庭活动必须实现定时和定向。其他一些可能干扰这些功能的倾向必须被压制：举个例子，对很多物种而言，所有刺激父母释放喂食行为的信号，全部由幼雏提供。在另一些物种中，所有刺激幼雏逃跑的必要信号，都由父母来提供。还有，家庭行为同样需要生殖隔离，或者说，需要防止家庭成员对其他物种中的父母或幼体作出反应；因为这种反应会降低效率，而低效率则意味着在生存竞争中被淘汰。除此之外，这种情况中还有一种新要素加入，它不存在于交配行为中，或至少不那么明显，那就是保护幼体不受捕食者攻击。这是对幼体的弱小无助的一种补偿。

然而，这种强大的补偿机制与交配行为的不同之处在于，它既不会被其他冲动压制，也不会被种间合作打断，这很可能是一个理由，可以说明为什么家庭合作不像交配行为那样依赖于复杂的仪式。因为每个"仪式"，或每次发出信号，都会让执行它们的个体变得格外显眼，因而更易受到攻击。这种仪式，仅在其带来的好处超过坏处时才会出现。换句话说，它们不会压过那些严格意义上必要的行为。从各类生物的信号多样性的角度看来，这一点或许显得有些奇怪，但是这种疑虑很容易被打消，只要我们意识到信号的严格必要性。我们常常将社会合作（比如鸟类父母养育幼鸟）视作十分平常的事情。但这仅仅是因为我们自己习惯于此。我们不该为反常的动物父母弃养子女而感到惊讶，相反，应该为之惊讶的是，绝大多数动物父母不仅不会弃养它们的孩子，还会设法完成养育幼雏这一艰难且复杂的任务。

我们将首先考虑动物的家庭组织，而后是群体组织，并在这两种情况中考察维系这些组织的关系具有何种性质。

照片6　正"炫耀"自己的流苏鹬。左边的雄性正在展示白色的
翅膀下侧，作为对一定距离内的雌性的反应

照片7　小黑背鸥少见的换班仪式。接班的鸟儿（右）正设法将
它的配偶推出鸟巢

家庭生活

当一只银鸥突然在自己的领地发现一颗蛋，但是在此之前，它还未拥有属于自己的一窝蛋，那么，它不会去孵育那颗突然出现的蛋，即便那颗蛋就在它的巢里面。这并不是因为它看出那颗蛋不是自己的，因为它通常没法区分出自己的蛋和邻居的蛋；这是因为，银鸥还未进入"孵育状态"，也就是说，某种特定的内在因素还未出现，没有这种因素，则孵育反应不可能出现。在繁殖季以外的时期，蛋对银鸥而言只是一种食物。在产卵之前很短的时间里，雌性银鸥和它的配偶会发生一种内在的改变：它们的神经系统会进入准备状态，对于"蛋在鸟巢里"这样一种刺激情景，它们将会以孵化行为作响应。对于鸽子、家禽，尤其是银鸥而言，发生作用的内在因素，主要是一种由脑垂体分泌的激素——泌乳激素（prolactin）。但这并不是为孵育提供定时的唯一因素，因为，在空巢上孵蛋这种情况，虽然可能发生，但它既不合常规，也绝不会持续太久。蛋本身是必要的；当一个孵育状态的鸟儿孵蛋时，这些蛋提供了视觉和触觉的刺激。因而，我们不得不再次考虑定时的不同层次：一个由激素状态产生的粗糙定时，和一个由刺激唤起即时反应而产生的精确定时。

当幼鸟孵化时，它们父母的行为会再次发生改变。一些新的行为模式会出现，比如喂养或引导幼鸟。而这些新的模式在不同物种之间也各不相同，因此，对于自然界中发现的无数多种行为模式进行详尽的研究是十分有价值的工作。但本书的有限范围并不允许我们完成这项工作。我只能把压力推给后续研究（即使是纯描述性的研究），因为我们这方面的知识太过欠缺。

从照顾蛋到照顾幼雏的转变，同样需要一种严格的内在定时，这种定时比外在刺激提供的定时更为精确。举例而言，在孵育期一开始，一只成鸟并没有充分准备接受一个破壳的蛋或一只幼鸟。但是在孵育期结束的时候，破壳的蛋或幼鸟终会被接受，即便它比预计的早了几天出现。因而，在孵育过程中，这只成鸟已经内在地为下一阶段做好了准备。这种内在改变的机制尚不可知。可以确定的是，泌乳激素在这个过程中也是必要的，但是，因为泌乳激素同样激活了孵育行为，其中必定有一些其他的改变发生。

外部刺激由幼雏提供。在一些鸟类案例里，存在还未孵化的幼鸟提供外部刺激的迹象。它的父母很可能是在对幼鸟的呼唤作出反应，这种呼唤在幼鸟尚未破壳时就可以被它的父母听到。(100)

对刺鱼来说，若用将要孵化的卵替换掉它自己的卵，雄性刺鱼仍会在幼体孵化之后接受它们；这条刺鱼会保护鱼卵，并且它的扇水活跃度会在"寄养"的鱼卵孵化后有一个突然的下降。但它的扇水活动并不会完全停止，而是会在另一个

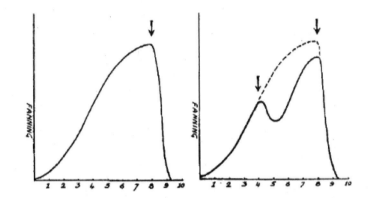

图 23　左：孵化前十天，雄三刺鱼的扇水活跃度与时间的关系。箭头所指为孵化时间点。右：当鱼卵在第四天被替换成正在孵出的蛋时，所表现出的扇水图形。第二个箭头指出未受寄养鱼卵刺激的"自发的"扇水高峰

时间点达到一个小高峰（图 23），如果它被允许保有自己的鱼卵的话，那些鱼卵本会在后面这个时间点孵化。因为雄鱼在"寄养"的鱼卵孵化之后，不会再接触自己的幼鱼，所以，第二个高峰必定由一些内在因素导致。

　　一旦父母进入照料幼雏的阶段，它们的活动，比如喂养幼雏的活动，必定是由后一种因素定时。同样地，鸟类在这方面尤其显著。对许多鸣禽而言，幼雏必须要张开嘴，它们的父母才能够喂养它。如果它们没张嘴，则父母会看看它们，再"无助地"看看周遭，表现出一副茫然无措的样子。有时，父母需要借助一些特殊的社会行为来刺激幼雏，比如碰碰它们，或者轻声呼唤它们，如果这也没能成功的

话，父母通常会自己吞掉食物。大自然时常会为我们提供实验。举一个最有教益的例子，是关于鸣禽对布谷鸟（*Cuculus canorus*）幼雏的反应。当一只布谷鸟把它的蛋产在一只红尾鸲（*Phoenicurus phoenicurus*）的巢里面以后，布谷鸟的蛋通常会比寄宿家庭的蛋更早一些孵化。在孵化之后很短的时间里，小布谷鸟会将其他的蛋扔出去（图24），或者，如果其他的蛋已经孵化，那它就把别的幼鸟扔出去。小布谷鸟的做法是，把蛋或幼鸟放在自己的背上，然后缓慢后退，直到把它们推出鸟巢的边缘。[31] 这些倒霉的幼鸟会被冻死或饿死。它们也可能躺在巢穴的边缘，但父母并不会救下它们并放回巢里，也不会在鸟巢边上孵育或喂养它们。并且，因为小布谷

图24　幼年布谷鸟正将寄养家庭的蛋扔出去

鸟张嘴勤快，而小红尾鸲这方面弱一些，所以，红尾鸲父母通常会忽视掉自己的孩子；它们没有接收到必要的刺激。在几种食肉鸟类当中，已有观察显示，喂养幼雏的顺序完全取决于幼鸟的乞食。[80] 那些乞食最热切的幼鸟会得到食物。通过这种方式，每只幼鸟通常都会被轮流喂到，因为乞食的强度取决于它们的饥饿度。但是，如果一只幼鸟恰好十分虚弱，无法进行乞食（这种情况常发生在鸮类及各种猫头鹰身上），那么它可能只会得到极少的食物，这样一来，它的乞食反应会越来越弱，以致最终饿死。

不仅父母必须对幼雏作出反应，幼雏也必须对父母作出反应，来为它们的乞食行为定时。乞食，正如其他一些类型的"宣传"行为一样，是危险的行为，并且持续的乞食行为是一种奢侈，只有极少数物种可以享受。[96] 有一些洞穴喂养的鸟类被发现享有这一特权，比如啄木鸟。即便如此，这种行为也可能招致破坏。已知的一种情况，纵纹腹小鸮（Little Owl）会抢劫在洞穴内喂养鸟类的巢穴，比如椋鸟，我本人曾目睹一只苍鹰（Goshawk）一只接一只地从洞穴中带走吵闹的黑啄木鸟（Black Woodpecker）。一个事实是，乞食通常被限制在一段很短的时间内，在这段时间里，父母中的一方确实在巢穴中，并且带着食物。这种情况得以可能，同样是因为幼雏回应了父母给出的刺激。以刚出生的小画眉鸟为例，当父母降落在鸟巢上，并带来轻微的震动时，小画眉鸟才会开始张嘴。在小画眉鸟能够睁开眼之后，它们就会对视觉刺激作出反应。另外，一些幼鸟会在一周或更久之后，开始对父母的声音作出反应。银鸥幼鸟会被父母的"喵"叫声刺激，并开始乞食；它会跑到父母跟前，开始啄父母的嘴尖，在一些失败的尝试之后，它最终会得到食物并吞吃掉。几天之后，小银鸥学会识别它的父母，并且只会向父母乞食。家禽的幼鸟十分独立，并且在一开始就会自主觅食。但是，无论何时，只要母亲发现了一些可以食用的东西，它们就会跑向母亲，并对母亲特殊的叫声或动作作出反应。

在这几个案例中，可以得到说明的是，定时和定向通常通过相同的刺激得以完成。父母传达给幼雏的不仅仅是"有食物"，还有"食物在这"。

说服，或者对不恰当响应的抑制，会带来一些十分有趣的新问题。比如，在许多鱼类当中，幼鱼体型过小，以至于它们能被很融洽地归入其父母的食谱。这可以应用于刺鱼和丽鱼（Cichlid fish），这两个物种都表现出对幼鱼的细致关照。到底是什么使得父母不会吃掉它们自己的幼鱼？对于用嘴喂养幼鱼的丽鱼而言，它们通过一种相对简单的方式处理这个问题。当雌性纳塔尔罗非鱼（*Tilapia natalensis*）将幼鱼放在嘴里时，它就是单纯地不会进食；进食本能，连同吃掉幼鱼的倾向一起，被整个地压制了下来。[5] 而其他一些丽鱼与雄性刺鱼有相同的倾向：它们会将离群的鱼带回鱼群。[4] 它们的觅食本能并未完全消失，在繁殖季，它们仍然会开心地捕食水蚤（*Daphnia*）、颤蚓（*Tubifex*）或其他一些猎物。洛伦茨报告了一个十分有趣且滑稽的案例，它说明了父母区分食物和自己孩子的能力之强。[57] 许多丽鱼会在黄昏将幼鱼带回"卧室"，其实就是一个它们在水底刨出来的洞。一次，洛伦茨和他的学生们看到，一条雄鱼正收集幼鱼并准备将它们带回。在它刚刚吞下一条幼鱼后，它看到了一只特别诱人的小蠕虫。雄鱼停了下来，看了蠕虫好几秒，并显得有些犹豫不决。随后，在几秒钟"艰难的思考"之后，它吐出了幼鱼，吸进了蠕虫并吞掉，之后又吸进幼鱼并带回巢穴。这一系列观察让人不禁拍手叫绝！

对许多鸟类而言，拥有了成鸟体型的长大的幼鸟，会开始"惹恼"它们的父母，也就是说，它们开始借着自己的体型激起父母的攻击性。它们有时能通过表现幼儿行为来避免攻击，这种幼儿行为绝不会被父母误解。我在银鸥身上看到过这种情况，并且我发现，年轻的银鸥发展出一种顺从姿态，这种姿态某种意义上与成年银鸥的攻击性姿态相反：它们会缩起脖子，放平身体，然后微微抬起嘴尖。（见 89 页照片 8）显然，这种姿态并非偶然与一只雌性银鸥"追求"雄性时采取的姿态一致。（图 25）然而，随着季节推移，年轻银鸥这种姿态的效果会越来越小，因为，成年银鸥作为父母的驱动力会逐渐衰减。通常，这种关系会以这样一种方式得到平衡：

图25　雌性银鸥（左）向雄性求偶

当父母对幼鸟失去兴趣时，幼鸟已经能够照料自己了。

丽鱼发展出了另一套系统，以防止父母吃掉它们自己的幼鱼。它们确实会捕食其他物种的幼鱼。一个奇妙的学习过程使得它们能够区分开自己的幼鱼和其他物种的幼鱼。这一点通过诺布尔（Noble）的一个简单的实验得以展现。[69] 他找了一对没有经验的丽鱼父母，用其他物种的卵替换了它们自己的卵，这是这对丽鱼此生第一次繁殖。当这些卵孵化后，丽鱼接受了这些幼鱼，并抚养了它们。每当丽鱼遇到自己的亲生孩子，都会把它们吃掉！这对丽鱼父母被永远地教坏了，当下一次，它们被允许拥有自己的卵时，它们都会在卵孵化后吞食掉小丽鱼！这对丽鱼学会了将另一个物种的幼鱼当成自己的幼鱼。

与此相反，幼体有时必须对父母做出与面对捕食者时相同的反应，并以此保护自己。许多鱼类的幼体会逃离和它们父母差不多大小的鱼。如果这种逃跑行为不能以某种方式阻止，那么父母的照看行为就不可能实现。对于刺鱼，我有这样一种印象，雄性刺鱼单纯是在速度上比幼鱼快得多，能在幼鱼试图逃离之前追上它们。试想这个有趣的画面：一条刺鱼父亲正努力抓住它的孩子，而小刺鱼们正拼尽全力逃跑。我在第一章中曾描述过，年轻的刺鱼会为了填充它们的鱼鳔而游向水面，正是为了这个动作，它们发展出惊人的速度。之后，它们就能够胜过父亲，在水里面上蹿下蹿，而不会给父亲抓到它们的机会。小丽鱼则会完全相信它们的父母；但我并不知道这是怎么发生的。

　　洛伦茨发现了夜鹭（*Nycticorax nycticorax*）让幼雏"信服"自己作为父母的照料意图的方式。[55] 当一只夜鹭回巢，它会对着巢里的居民优雅地鞠一躬，无论巢里是它的配偶还是它的孩子。在鞠躬时，夜鹭会展现出它漂亮的蓝黑色"帽子"，并展开三根白色的细羽毛，在夜鹭休息时，这三根羽毛是合在一起的。（图26）在这个自我介绍之后，它走进鸟巢，并被友善地接受。有一天，当洛伦茨偶然爬上一棵有鸟巢的树，并站在那个鸟巢旁边时，夜鹭父亲恰好归巢。

图26　正在休息的夜鹭（上）；正在进行"安抚仪式"（下）

作为一只驯化的鸟，它并未逃跑，而是采取了一个攻击性姿态，但没有进行安抚礼仪。巢里那些并不害怕洛伦茨的幼鸟，立即开始攻击它们的父亲。洛伦茨随后确认，这个观察首次指出，夜鹭幼鸟"认出"它们的父母，是因为它们的父母是唯一会进行安抚礼仪的夜鹭（事实上，是唯一会这么做的鸟），幼鸟们因此抑制了它们的防卫行为。

有关不恰当响应的抑制问题，我们知道得并不多，但下面几个例子会说明这个问题是多么有趣。哪怕是在田野里，要对此做一些调查并不是件难事；虽然该问题曾在多类行为中被明智地意识到，但在过去却被认为是没意义的问题。以宝石鱼为例，当丽鱼父母交替护卫它们的孩子时，一条刚从岗位上解脱的丽鱼会快速、径直地离开巢穴（图 27）；贝朗茨夫妇（Baerends and Baerends）曾表明，这种行为防止了幼

图 27　宝石鱼：换班的父母径直游走，以此抑制幼鱼的跟随反应

体跟随离开岗位的父母游出巢穴。

有趣的是，这些讨论让我们看到，在理性层面上，人类怎样逐渐形成相似的礼仪。"打招呼"的行为，无论它的心理学基础是什么，通常拥有安抚的功能，它可以抑制带有攻击性的以及相关的反应，并为进一步的接触打通渠道。

隔离功能对于父母—子女关系的意义，或许远小于它对交配行为的意义。显然，防止父母将照顾行为扩展到其他物种的幼雏身上，这是很有必要的，因为这会减少它们对自己后代的照顾。然而，父母行为通常被限制于幼雏所在的地方。对于幼雏会跟着父母外出的物种，比如鹌鹑类，隔离功能显得更为重要一些；对于这些物种，很可能是幼鸟醒目的头部样式实现了这一功能。对许多物种而言，声音可能也会帮助父母聚焦于自己的孩子。

保护弱小幼雏的需求，引入了一类新的社会行为。许多物种的幼雏会被伪装起来。但伪装之所以能够成功，仅仅因为幼雏保持了静默。相反地，觅食和乞食都需要活动。然而，在许多物种中存在一类特殊的行为，通过这种行为，父母可以刺激幼雏并让它们"潜伏"起来。比如，乌鸫（*Turdus merula*）父母的警示鸣叫会抑制幼鸟的乞食行为，并使它们躲进鸟巢里。当我尝试测试这些幼鸟的乞食行为的刺激条件时，我在苦恼中明白了这类反应有多么根深蒂固。只要我们出现在巢穴附近，乌鸫父母就会发出警示，哪怕我们拿出最诱人的食物，幼鸟们也无动于衷。对一些幼雏经常外出活动的物种，这类反应也得到了充分发展；这些幼鸟通常有隐蔽色。当父母的警鸣响起时，特别年幼的银鸥通常直接蹲伏在鸟巢里。当小银鸥长大一些之后，它们将学会识别一些鸟巢角落里的隐蔽点，警鸣响起时，它们会各自跑向隐蔽点并蹲伏下来。其他一些物种并不那么依赖伪装，而是更依赖父母的保护。这些物种的幼雏会寻找离父母比较近的躲藏点，并且待在离捕食者较远的一端；它们躲在"危险的阴影"当中。这种行为可以在许多鸭类和鹅类身上看到，有些家禽也会有这种表现。丽鱼独立地发展出了相同类型的响应。

　　银鸥的案例很好地说明了为什么我们需要区分警鸣的定时和定向功能。父母的警鸣为幼鸟的反应定时，它释放了幼鸟躲藏的欲望。然而，父母并不能告诉幼鸟捕食者的位置，也无法告诉它们往哪里躲。我藏在银鸥居住地拍摄时发现了这个情况。我在相同位置的躲藏点停留了许多天，无论年轻银鸥还是老银鸥，都已经将这个躲藏点当成了周遭风景的一部分。银鸥父母将隐藏点的顶部当成了瞭望台，而幼鸟会在有危险的时候躲在里面。有一天，当我坐在躲藏点里面的时候，我无意间的一个动作被银鸥父母中的一方看见了。它迅速发出了警鸣，并逃离了躲藏点。银鸥的幼鸟听到了警鸣后冲向了避难所。而我的躲藏点就是幼鸟们的特别避难所，它们全部冲进了"贼窝"，还蜷缩在我的脚边。

照片 8 处于顺从姿态的幼年银鸥

照片 9 南乔治亚岛上帝企鹅的"托儿所"

除了父母与子女之间的关系外，还有一种雄性与雌性之间的关系，这种关系使得它们能够划分职责。举例来说，雌性凤头麦鸡（*Vanellus vanellus*）会在雄性站岗时孵蛋。雄性的任务是攻击捕食者，并在捕食者接近时警示雌性。在雄性的警示下，雌性会离开它的蛋，将保护工作委托给蛋上隐秘的伪装色。在雌性逃离大概 50 码之后，它会向上飞，并且通常会协助雄性攻击捕食者。在另外一些物种中，雄性和雌性都要孵蛋。这再次带来了定时问题。对许多物种而言，蛋永远不会被单独扔下。那么这些动物父母中的一方，究竟如何避免在配偶抵达之前就抛下蛋不管？它们通过一个解除仪式来完成，这个仪式会使孵蛋的一方必须要等待，并且，如果没有这个仪式，想让孵蛋的动物离开会是一件十分困难的事。当一对银鸥中未孵蛋的一方外出觅食数小时后，它的孵化冲动会开始增强，并飞向自己的领地。在那里，银鸥会收集筑巢的材料并带进鸟巢。通常它们会"喵喵叫"，这与它们喂食幼鸟前发出的叫声一样。正是这种叫声和行为，刺激了正在孵蛋的一方，并使它停止孵蛋。然而，如果孵蛋的一方仍然有很强的孵化冲动，那么它也有可能不会对配偶的解除仪式作出反应，并继续孵蛋，哪怕是最热烈的仪式。如果一只银鸥没能成功地将配偶从蛋上引开，那它可能采取暴力方式赶走它，最后的结果，可能是一场无声而坚决的争斗。（见 76 页照片 7）一些物种甚至掌握处理相反状况的方法。当一对

图 28　剑鸻和它的幼鸟

剑鸻（Ringed Plovers）因巢穴发生争端时，有时会是这样的情况：虽然捕食者已经离开，但两只鸟儿都还不愿意回到鸟巢里。这时，我们能看到雄性驱使雌性回到鸟巢里。[49]

　　还有一种更复杂的情况，发生在两代幼雏的孵育工作"重叠"的时候，也就是新一代的孵育工作已经开始，而上一代幼雏还未独立的时候。这通常发生在欧夜鹰（Nightjar）身上，有时也发生在剑鸻身上。欧夜鹰父母会严格地划分它们各自的职责；雄性和幼鸟待在一起，雌性去孵新一代的蛋。[44]对剑鸻而言，父母会轮流进行孵蛋和带领幼鸟的工作（图 28），每隔几小时它们就会换班。[49]这同样也由一类特殊的行为提供定时，鸟类父母中的一方会用信号刺激另一方交换职责。

　　动物父母用来警示彼此的叫声，与它们警示幼雏时使用的叫声是一样的。但是配偶对警鸣的反应与幼雏并不一样。有些物种的雌性会蹲伏在鸟巢上。在开阔平原上繁殖后代的鸟类会遵循这种规则，它们当中的雌性通常有伪装色，鸭子、欧夜鹰、麻鹬（Curlews）和山鸡（Pheasants）等都属此类。另一些物种同银鸥一样，它们会离开蛋或幼雏，同时去攻击捕食者。这种协同攻击可能是个别动物配偶的事，也有可能是真正的社会性攻击。举例来说，寒鸦（Jackdaw）栖息地中的成员经常会进行群体攻击。每一只寒鸦，不仅会对其他任何同伴的警鸣作出反应，而且，即便捕食者与某只寒鸦自己的巢离得很远，它也会加入攻击行动中。我曾在一般的燕鸥（Terns）身上观察到，它们对人类入侵者会进行个体攻击，而对白鼬（Stoat）会采用群体攻击。

对许多鸟类而言，让配偶知道巢穴的位置是必要的事情，并且，它们有许多种将巢穴位置告知配偶的行为。当雄性和雌性一同选择筑巢点时，它们会有特别的仪式让双方加入。比如，银鸥会坐在它选择的筑巢点上，它们轮流坐在选定的位置，并用爪子刨出一个巢坑。在许多穴居鸟类当中，雄性会比雌性先到达领地，它会选择将要居住的洞穴，并通过一种特殊的展示吸引雌性的注意力。以红尾鸲为例，它有许多种方式让自己在巢穴入口变得惹眼（图 29），它会充分利用自己鲜艳的脑袋和红色的尾巴。[11] 雄性茶隼（Kestrel）则会在雌性的视线内，富有仪式感地降落在巢穴上。

人们曾在红颈瓣蹼鹬（*Phalaropus lobatus*）身上观察到一种特别的情况。它们的雌性颜色更艳丽，而雄性有着暗淡的，带有隐蔽性的羽毛。雌性会选择并包围一片领地，并通

 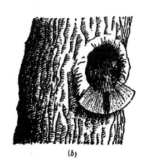

图 29　雄性红尾鸲将洞口位置告知雌性的两种方式:(a)展示它鲜艳的脑袋;
(b)展示它红色的尾巴

过歌唱吸引雄性。雄性会自己完成孵化和保护幼鸟的工作。
当雌性做好产卵准备时,它必须要能够将巢穴的位置告诉雄
性。它会在即将产卵时通过歌声来吸引雄性。第一个到达的
雄性对于雌性的歌声毫无抵抗力,它会马上跟随雌性。[93]
随后,雌性会进入巢穴,雄性在场的时候才产卵。正是这种
仪式引导雄性找到了巢穴,它在未来将要照料的对象也是在
这里被托付给它。

群体行为

　　许多动物会聚集在比家庭更大的群体当中。这些群体可
能由几个家庭组成,比如一群鹅或天鹅;它们也可能由一些
无家庭关系的个体组成。个体可以从群体当中收获的好处有

许多种。其中，抵御捕食者是最明显的好处。更高级的动物群体的成员会在有危险时互相警示，作为一个整体，它们可以像群体中最为警觉的个体一样警觉。另外，许多动物会加入彼此进行群体攻击。这种行为主要在一些高级动物中得以发现，但是，稍微降低标准，我们发现动物群体还有非常多其他的功能。阿里（Allee）和他的同事[1, 2, 114]曾用实验证明群体具有的许多社会效益。以金鱼为例，比起独自生活，在群体当中它可以吃到更多食物。它们会变得更敏捷；除了食物摄入量增多，这还取决于其他一些因素：即便独居的金鱼的食物摄入与群居的金鱼相同，群居的金鱼仍然会更敏捷。群居的海扁虫（Procerodes）比起独居的海扁虫，抵御盐度波动的能力也会更强。两三只蟑螂在一起时，它们的定向测试成绩会高于单个蟑螂。韦尔蒂（Welty）曾表明，成群的水蚤在面对捕食的时候损失会更少。这要归功于捕食者的"混淆效应（confusion effect）"；当一只金鱼面对一个密集的水蚤群体时，它的注意力会不停地从一只水蚤被引诱到另一只水蚤身上，直到它成功吃到第一只水蚤。如果金鱼面对的是密集程度一般的水蚤群体，它的总体摄食量会更多。蛱蝶（Vanessa）幼虫聚集在一起，可以保护它们免受红尾鸲之类的鸣禽捕食；人们观察到，红尾鸲会避开成群的蛱蝶幼虫，但是会将所有脱离群体的幼虫吃掉。[64]

很显然，群体生活给个体乃至其物种提供了诸多好处。再一次，我们可以提问：群体行为是怎样带来这些有益结果的？

首先，个体必须聚集在一起，并且维持群体。这可以是信号产生的作用，它作用于反应者的多种感觉器官。对鸟类而言，这类信号通常为视觉性，或听觉性，或二者兼具。研究表明，鸭和鹅的羽毛反光实现了这一功能，它们的羽毛有着明亮的色彩，而且不同物种的羽毛颜色也各不相同。海因洛施（Heinroth）在柏林动物园中发现，当世界各地的不同鸭科（Anatidae）动物被放在一起时，鸭和鹅（它们常对飞禽作出反应，它们会飞起并加入其他飞禽的队伍）最容易群聚，只要其他的飞禽有着和它们类似的反光，无关血缘关系。[30]毫无疑问，许多鸟类，尤其是鸻鹬类，它们显眼且独特的尾部实现了群聚功能。许多鸣禽的声音信号实现了保持群体的功能，比如燕雀类（Fringillidae）和山雀（tits）；它们当中的每个成员都会被自己物种独有的歌声所吸引，这个结论很容易建立，只要观察群体中走失鸟类的行为就可以了。

许多鱼类主要依靠视觉反应，但有的物种中，嗅觉反应也占一部分。比如，鲃（Minnows）会对它们物种独有的气味作出反应。[118]它们甚至能被训练出区分不同个体的气味的能力，[27]但是这种个体识别能力是否在自然条件下占有地位，仍不得而知。

高等动物的社会行为比单纯的聚集更复杂。在几个物种中，它们的合作更为紧密。我们在第一章描述过，刺鱼会被另一只刺鱼进食的动作刺激，而产生自己进食的倾向。我们称这种效应为"同情归纳（sympathetic induction）"或"社会促进（social facilitation）"；人们曾在许多物种身上观察到这种现象，并且该现象不仅出现于进食行为，还出现在其他一些本能行为上。当群体中的一只鸟发出警示信号，其他鸟也会变得警觉。睡眠是另一种具有"传染性"的行为模式。即便行走和飞行，也会以这种方式同步；群体中的某些成员表现出移动的意图动作时，其他成员会加入它们。一个突然的起飞动作会马上带动整个群体起飞。所有这些社会促进带来的好处显而易见；它能同步化群体成员的行动，以此防止它们因追求不同功能而乱作一团。

绝大多数这类关系，都依赖于每一个体对其他个体的动作给出反应的倾向。这种倾向已经得到了高度发展；对于哪怕是最微弱的信号，或幅度极小的动作，社会性动物也具有敏感性。这些小幅动作，比如不经意的，刚刚开始的走或跳，可以称作意图动作（intention movements）。许多社会信号显然是从这些意图动作中衍生出来的。有的社会信号非常特别。当一只寒鸦起飞时，它会密切注视群体中的其他成员。如果同伴都未起飞，这只寒鸦会回到群体中并暂时放弃起飞，或者，它会吸引同伴加入它。[54] 它吸引同伴的方式是，飞回尚在地面的同伴身边，从它们头上低空滑过，同时快速地摇动它的尾巴。

另一种社会合作是群体攻击。这种情况同样最常见于鸟类。包括寒鸦、燕鸥、各种鸣禽在内的许多鸟类，都会"围殴"捕食者。它们可能会聚集在一只坐落于灌木丛的雀鹰的周围，也可能是一只纵纹腹小鸮，又或是聚集在一只游荡的猫的头顶上。这种行为常在麻雀身上得见。它们也有可能在一只飞翔的雀鹰上方结成密集的群体，努力保持自己处于高位，并不时向下猛冲攻击。（图30）

这种行为可能会在同一时间由所有个体释放，因为它们同时看见了捕食者。然而，如果捕食者仅被其中单个个体看到，该个体会发出警鸣，以此警示其他成员。这种警鸣行为是一个清晰的例子，它为群体服务，但会使个体陷入危险。

这种社会性攻击还有许多其他功能。如果捕食者并不是特别饿，我们会看见，它通常会在攻击发起时迅速逃离。当一只雀鹰真的很饿，也就是当它专注于捕猎时，围攻就没法很好地阻碍它。然而，群集能够让捕食者因侦察其他猎物而分散一部分注意力。即便只是聚在一起而不攻击，就像椋鸟

图30　鹊鸲正围攻一只雀鹰

或鸧鸹被游隼（Peregrine Falcon）追猎时所做的一样，这么做也有生存价值；一只俯冲的游隼会集中注意力挑选脱离群体的鸟儿；因为它惊人的速度，要是直接冲向一个密集的鸟群，它很容易伤到自己。

警示信号并不只能是视觉性或听觉性的；对许多社会性鱼类而言，警示信号是一些化学特性。当一条狗鱼（Pike）或鲈鱼（Perch）从鱼群中捕到一条鲦鱼（Minnow）后，其他鲦鱼会四散逃开，并且不再回到邻近区域。它们会在很长一段时间里保持警觉，哪怕最微弱的捕食者信号，都会让它们迅速冲向藏身处。这是因为，其他鲦鱼会对被捕食的同伴皮肤上释放的某种物质作出反应。通过将刚切下的鲦鱼皮肤混入饲料食物中，就可以在水族箱里已驯化的鲦鱼身上看到这种反应。这种气味物质是特定的，相应的反应也是如此，每个物种只会对它们自己的"恐惧物质"作出反应。[25]

第四章

争　斗

当一只动物被捕食者逼入绝境，它会奋起争斗。关于反抗捕食者的争斗问题，我们在这一章不予讨论，因为这种争斗所涉及的双方通常不是同一物种，而且，这种争斗也不如种内争斗一样常见，后者是以同一物种里的其他个体作为目标。绝大多数种内争斗都发生在繁殖季节，因此可以称它们为繁殖争斗。有一些争斗和群体里的控制权相关，则未必发生在繁殖季节。

繁殖争斗

不同的动物用不同的方式争斗。[63] 首先，它们使用的武器各不相同。狗互相咬对方，银鸥和一些鱼也是如此。出于这个目的，有些雄性三文鱼发育出了可怕的颌。马和其他一些有蹄类动物，会用前腿互踢。鹿则用角互顶，以衡量对方

图31　争斗的赤鹿

的力量。

整个春天，我们都可以在公园里看到秧鸡（Waterhen）的争斗。它们跳到半空中，背后仰着，用两条长腿互踢。有许多鱼，其争斗方式是通过尾巴有力的侧向摆动向对方送出一股强烈的水流，尽管它们不会碰到对方，但因尾巴摆动产生的水流可以给对方敏感的侧线器官产生强烈的刺激（图32）。雄鳉鲅鱼的头会在春天长出角疣，并用头顶撞对方。

其次，尽管春天会发生如此多的争斗，但相对来说，动物进行"生死决斗"，且给对方造成严重伤害的情况则很少见。[103]绝大多数争斗都只是采取"吓唬"或威胁的形式。威胁可以产生和真正的争斗一样的效果：它倾向于将个体分隔开，因为它们互相厌恶。在第一章里，我们提供了一些动物威胁的例子。威胁的形式也多种多样。大山雀的威胁是盯着对方，头往前伸直，身体两侧的双翅很慢地一下一下地扇动，展示出自己头上黑白相间的模样。[95]知更鸟的威胁是尽

图 32 鱼用尾巴争斗　　　　图 33 英国知更鸟的威胁展示

可能地展示自己红色的胸脯，它先把胸脯朝向对手，然后慢慢地左右摇动（图 33）。

有些丽鱼，会看着敌人，慢慢地举起鱼鳃盖。比如火口鱼（*Cychlasoma meeki*）和宝石鱼（*Hemichromis bimaculatus*），这些鱼鳃盖装饰着很打眼的黑点，黑点还围着一圈金色的环；威胁的姿势使它们尤其美丽（图 34）。

不是所有的威胁都是视觉性的。许多哺乳动物会在它们可能遇到对手的地方留下"气味信号"。[29] 狗通过撒尿来达成目的；鬣狗，貂，岩羚羊，各种羚羊以及其他许多动物，都有特殊的腺体，这种腺体的分泌物会留在地面、灌木丛、树墩，或者岩石上（图 35）。棕熊会用它的后背摩擦树干，一边摩擦一边撒尿。

声音也可能具有威胁的功能。第二章提到的许多叫声，尽管都冠以"歌声"之名，但并不仅仅只是为了吸引异性，也服务于驱赶其他雄性的目的。

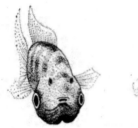

图34　火口鱼（左）和宝石鱼（右）的威胁展示

图35　雄印度黑羚用位于眼睛前面的气味腺的分泌物标记一棵树

繁殖争斗的功能

繁殖争斗总是针对一类特殊的个体。在绝大多数物种里，争斗发生在雄性动物之间，它们也仅仅（或主要）攻击同一物种里的其他雄性。有些时候，雄性和雌性都会进行争斗；

在这种情况下，通常会发生两种争斗：雄性与雄性争斗，雌性与雌性争斗。瓣蹼鹬（以及其他一些鸟类）是雌性在战斗，同样地，它们主要的攻击目标是其他雌性。这些情况都表明，争斗的目标总是繁殖的竞争对手。

另外，争斗和威胁会防止两个竞争者或敌人在同一个地点安居；相互的敌意使它们彼此分隔开，并各自保留自己的一块地盘。对于动物觅得领地而言最重要的东西，就是理解争斗行为最重要的东西。

个体之间的争斗通常限制在一片有限的区域里。[33, 94]这片区域可能是雌性周围的一片地方，对于鹿来说就是如此，还有许多动物也是这样。雄鳑鲏鱼（俗称苦鱼）会守卫一片有淡水河蚌的地方，防止别的雄鱼侵入（图36），它要靠着这些河蚌来吸引雌鱼。它们引诱雌鱼将卵产在河蚌的套腔里，鱼卵在套腔里发育，过着一种寄生的生活。葵甲虫属的腐尸甲虫（Carrion Beetles）会保卫自己发现的腐肉，防止对手觊觎。在这些案例里，保卫不仅仅以要保卫的对象为中心，而且也以保卫对象所在的地方为中心；争斗的意图就是要将敌手驱赶到一定距离之外。对我们提到的物种来说，很容易发现它们要保护的对象是什么：当一只雌鹿移动的时候，雄鹿会跟着它；雄鹿总是战斗在雌鹿附近。当河蚌移动的时候，鳑鲏鱼守卫的领地也跟着移动。

对绝大多数物种来说，守卫的区域通常不会移动；雄性选

图36　雄鳑鲏鱼和河蚌

中一个地址定居下来，然后就保护自己的这块领土。领地争
斗和威胁在每一个花园里都看得到，知更鸟、苍头燕雀（图
37），鹪鹩等，都是著名的斗士。看到它们以领地的某个地方
为中心争斗，就能更好地理解领地的重要性。许多用树洞筑
巢的鸟，入侵者愈靠近树洞，遭遇的打斗就会愈激烈。不过，
还有许多动物，争斗并不以领地的某个位置为中心，这时候，
领地的重要性就相对不那么好理解。曾有研究建议说，许多
鸣禽的领地可能同时是为幼畜准备的粮仓；如果父母能够在
巢的附近轻易找到足量的食物，就会大大缩短觅食的行程。
新孵化的鸣禽，需要父母的哺育以保持温暖，并逐渐学会觅

图 37 争斗的雄苍头燕雀

食；领地为父母的哺育提供了帮助，为了照顾幼雏，它们觅食的路途当然距离巢越短越好。在某个不幸的日子里，觅食地和鸟巢之间的距离，可能会造成很严重的后果。不过，关于这种见解的价值，人们的看法并不一致。

　　一些在地面繁殖的鸟，比如银鸥、燕鸥、凤头麦鸡等，它们彼此分隔开来是保护蛋和幼雏免于被捕食的一个办法。有证据表明，太过密集的蛋或幼鸟，会使得一些捕食者专攻此道；这就是为什么那些善于伪装的动物会遵从一条不成文的规矩：彼此分开，独自生活。[102] 在银鸥之类的鸟群里，孵蛋的伪装准备好之后，领地争斗的结果会使其他鸟在合理的距离外孵蛋。两个个体的利益冲突会再一次产生妥协：群体集中筑巢有某些好处（如第三章所云）；彼此分开保持距离也有某些好处。银鸥和燕鸥群体都学会了妥协的办法，因而从两种倾向都得到些好处（尽管不是这两种倾向的全部好处）。

总结一下。繁殖争斗有显然的功能。它使得个体彼此分隔开来，因而让每一个个体都拥有想要的东西或者一片领地，这对于繁殖乃是必不可少的。它阻止动物个体去分摊某个东西；因为分摊的结果常会产生不足甚至灾难性后果。太多的鳞鲅鱼卵挤在一只河蚌的套腔里，口粮供应就会不足。倘若许多雄性围着一只雌性动物求偶，而不是都保有自己独属的配偶，就是对生殖细胞的极度浪费。如果两窝椋鸟挤在一个洞里，可能对这两窝鸟都是致命的。彼此分隔开来，才使得个体能充分利用各种机会。

争斗的原因

我们的第二个问题是：为增益其功能，是什么原因使得动物以某种特定的方式争斗？是什么原因，使得动物只在必要的时候、必要的地方争斗？动物怎样在遇到的许多动物里挑出自己的潜在对手？既因为争斗会将动物个体置于危险境地（容易受到捕食者的攻击），也因为争斗会危及繁殖的成功。无限制的争斗使得它没有时间去做别的事情；限制争斗以便使争斗行为服务于它的目的，这一点有特别的重要性。这些问题和我们讨论过的交配行为有很多相似的地方。为了将争斗限制在真正的保卫领地、守护河蚌、保护雌性，动物需要根据这些情况作出特定的反应。另外，争斗还必须有时间上的限制，也就是以对手的确已经被赶跑的时间为限。最后，争斗的力气不能在别的物种成员身上浪费，除非它们构成竞争。我们将看到，这些行为协调的很多方面受外部刺激决定；它们大多来源于竞争对手。而且，因为绝大多数刺激并不只有一种功能，所以我不会刻意根据其功能将它们分开讨论（如我在讨论交配行为时所做的那样）。

正如我们所看到的，限制在一定的地域是争斗行为一个非常明显的特征。春季的雄三刺鱼遇到另一条雄三刺鱼，也并不是都会发生战斗。它是不是进行攻击，完全取决于它身在何处。如果是在自己的领地里，它就会攻击所有非法入侵的敌人。如果在它的领地之外，它就会从对手面前逃走，因为那个待在"家里"的对手可能攻击它。

这些观察可通过水族箱来验证，只要它大到可以容纳两处领地。雄鱼 A 会攻击雄鱼 B，只要后者闯入它的领地；B 也会攻击 A，设若 A 游过它的地盘。通常，两条雄鱼都不会很情愿地擅闯陌生领地，但是，观察者可以轻易让想要的情况发生——只需要捉住它们分别放进玻璃试管里就成。当两根试管都放低到 A 的领地里，A 就会试图攻击（尽管隔着两层玻璃墙），而 B 则疯狂地想逃跑。当两根试管逐渐移到 B 的领地时，情况则完全相反（图 38）。

领地究竟怎样刺激雄性进行战斗？这个问题的很多细节，还没有得到特别好的研究。我们当然只能通过实验来移动领

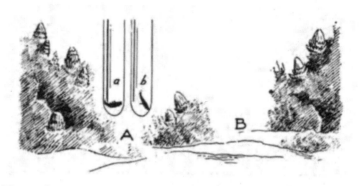

图 38a　表明攻击依赖于领地的实验 A：雄鱼 b 占有领地 B，把它装进玻璃试
管，带到雄鱼 a 的领地 A；后者会攻击，而前者则会逃跑

图 38b　表明攻击依赖于领地的实验 B：同样的两条鱼，处在领地 B 里的时候，
雄鱼 b 攻击，而 a 则会逃跑

地（或者部分领地），以检验雄性动物是否会根据情景的变化
来调整自己的争斗行为。对于鸟类来说，实验非常困难，因
为它们的领地范围太大了；但是，水族箱里的小鱼则提供了
绝好的研究机会。有几项研究报道过：鸟类会扩展自己的领

地；如果雌鸟在雄鸟原先划定的范围之外筑巢，它们的领地就会相应地扩大。

看起来比较确定的是，动物对领地的选择，主要是根据领地的一些性质作出天生的反应。这使得同一物种的所有动物，或者至少同一种群的动物，都选择同样类型的栖息地。然而，雄性个体对其领地（一个物种的典型栖息地）的鱼水深情却是学习过程的结果。雄三刺鱼生来就有选择植物丰茂的浅水作为栖息地的一般倾向，但它并不是生来就有对具体的某一棵植物或一块鹅卵石作出反应的倾向。当我们移动这些地标时，雄三刺鱼会移动它的领地，因为它已经习惯这些地标了。但是，另一个重要的事实是，当它连续哺育了两三窝小鱼之后，通常就会转移去新的领地；在每一块领地，它都会根据地标来确定领地的位置。

有些动物会对某类特殊对象作出反应，比如一个树洞，或者像鳉鲅鱼对河蚌；这些反应可能是天生的，而且可能只对这些对象发出的少数刺激信号作出反应。以鳉鲅鱼来说，[8]它们只在比较低的程度上对河蚌引起的视觉刺激作出反应；主要的刺激是河蚌呼出的水流。鱼既会对水流的活动作出反应，也会对它的化学性质作出反应（图39）。

领地的刺激使得动物作出天生的反应或者是可以不断增强的条件反射，从而将动物的争斗限制在领地内。

攻击的总体时间，取决于外部因素。正如交配的总体时间取决于性激素。争斗似乎也是性激素逐步增长的一个结果，后者又取决于一些节律性的事实，比如生活在北方温带的一些动物对白天长度的敏感。但每一次争斗的更精确的时间则是对刺激信号的反应。当竞争对手走近领地或者雌性等受保护的东西，发出的一些信号会释放动物的争斗行为。这些信号常常有奇特的双重功能。如果是陌生的入侵者展示这些信号，它就会引来袭击。而当领地上的攻击者展示出信号，就会对入侵者产生恐吓。用模型来做实验，可以释放动物的这两种反应；这取决于面对模型的动物是在自己的领地里还是在领地之外。这两种情形都有将物种成员分隔开来的作用，

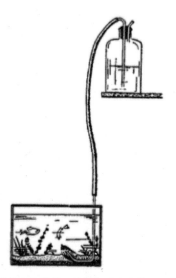

图39　在河蚌生活过的水族箱里，鳉鲅鱼对有水流活动的空河蚌壳作出强烈反应

而且，因为争斗反应总是由具体的信号展示所释放的，而别的物种的威胁展示则不会释放争斗，所以它们总是倾向于将敌意限制在物种内部。

这些刺激，已经通过实验（使用模型）得到了深入分析；研究者报道了涉及多种动物的实验。雄三刺鱼，虽然对擅自闯入的鱼都表示出一定的敌意，但它主要针对同类的雄鱼。雄鱼模型可以释放同样的反应，只要模型的下腹部是红色的。亮蓝色的眼睛和淡蓝色的后背，可以增加模型的刺激效果，但在一个较宽的范围里，模型的形状和型号大小则影响不大。一个只有一只眼睛和红色腹部的雪茄形状的模型，引发了强烈的攻击；一个形状完美的模型，或者一条刚被杀死的三刺鱼（没有红色的腹部）引起的攻击反而远没有那么强烈（图40）。大小几乎没什么影响，我观察过的一些雄三刺鱼，甚至会"攻击"一百码开外驶过的红色货车。它们竖起背鳍，狂怒地尝试接近对手；当然，它们的努力被水族箱的玻璃墙阻止了。当红色货车经过实验室的时候，那里沿着大玻璃窗放了一排共计20个水族箱，所有的雄鱼都冲向水族箱朝玻璃窗的一侧，并追随着货车的方向，从水族箱的一角游向另一角。用三倍于三刺鱼大小的模型，把它放得离三刺鱼不算太近的时候，会使它释放出类似的攻击，然而真正把它放到领地里，却并没有受到攻击；看起来，对象出现的角度也特别重要，这就是为什么远处的货车会引发攻击。

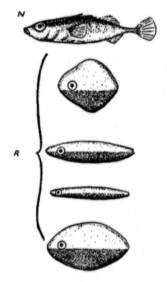

图 40　释放雄三刺鱼的争斗实验使用的模型：形状完美的银色模型（N）很少受到攻击，但有红色腹部的粗糙模型（R）却受到强烈攻击

除了颜色以外，行为也可以释放攻击。一条雄三刺鱼远远地看见自己的邻居，就会采取威胁姿势——一种头朝下垂直竖立的姿势（图41）。身体的侧面，甚至下腹部，朝向对手，竖起一个或两个腹鳍。这种姿势能激起其他雄鱼的勃然大怒，我们也可以将模型用这种姿势向雄鱼呈现，以加强它的攻击。

在知更鸟（Robin）身上，我们可以获得类似的观察。当一只雄知更鸟标记好自己的领地后，一旦看到另一只知更鸟闯入领地，就会释放攻击或威胁。莱克（Lack）已经表明，红色的胸脯是释放攻击的主要因素。
[47] 他将一个知更鸟模型安置在一片
已被占领的领地里，模型马上就受
到了领主的威胁。哪怕是一簇红色
的羽毛，都足以唤起雄知更鸟的威
胁姿势。（图 42）而且，就像三刺
鱼，一个粗糙的红色模型会比一个
银色的完美模型更有效果；因此，对
知更鸟而言，红色的羽毛比起体型
上还不成熟的知更鸟意义更为重大，
后者羽毛的样子和同类动物一样，

图 41　雄三刺鱼的威胁姿势

但胸脯是褐色的而不是红色的。雄三刺鱼的红色腹部和知更
鸟的红色胸脯的功能如此相似，这一点很让人惊奇。我们在
后面会谈到，其他一些动物群体也发展出了相似的信号系统。

　　不过，知更鸟的信号传递并不完全是视觉，比起互相看
见，它们老远就能听到对方的声音了。正是知更鸟的歌声激
怒了领地的主人，促使它去寻找歌声的来源。因而，真正的
攻击总是至少包括两个步骤：当听到另一只雄鸟的歌声后，
雄知更鸟朝歌声的方向飞去；然后，它四处寻找，看到入侵
者红色的胸脯后被激怒，开始威胁或者攻击。

　　对许多动物来说，歌声有着与此相同的功能；它是一种
"阳刚之气的标志"，而且会释放领地占有者的争斗行为。如

图 42 刺激知更鸟释放争斗行为的实验：一只固定好的不成熟的知更鸟（左）因为胸脯是褐色羽毛而很少受到攻击，而一簇红色羽毛（右）却受到严厉威胁。

我前面所述，如果有一只雄性动物在自己的领地里展示，这种"阳刚之气的标志"就会赶走入侵者。这种情况不需要进行实验，在野外观察就能看到。常常遇到的情形是：唱歌的雄鸟往往看不到，它躲藏在树林或灌木里，但是你可以看到其他雄鸟对藏起来的歌手作出激烈反应。这些观察很有意思，容易让人产生拟人化的想法：擅自闯入似乎就意味着良心坏透了，领地的主人则表现出正义的愤慨。

银鸥鸟在颜色上虽然没有明显的性别二态性，但攻击行为主要发生在雄性，攻击行为的目标也指向其他雄银鸥鸟。雄银鸥鸟不会唱歌，它们的叫声不会引起其他雄鸟特别强烈的反感，它们的身体也没有什么特别惹眼的能释放同类争斗行为的颜色。然而，它们的行为则确实会；威胁

图 43 雌（左）、雄美国扑翅䴕

的姿势和筑巢的活动会引起其他雄性的特别注意，并且激发它们的敌意。

在其他一些物种里，也会发现类似三刺鱼的现象，雄性的颜色就是它们的标志。例如美国扑翅䴕（*Colaptes auratus*）就是如此，它是一种啄木鸟，雄性在嘴角长有黑色色块（俗称胡子）而雌性则没有（图 43）。倘若捉住一对配偶中的雌性，给它贴上假的黑胡子，它的配偶就会攻击它。如果重新抓住它，把胡子拿掉，它们就又重归于好。[67]

雄虎皮鹦鹉（*Melopsittacus undulates*）和雌性的区别是喙根部（cere）的颜色，雄鸟是蓝色的，而雌鸟是褐色的（图 44）。如果将雌鸟的喙根涂成蓝色，它就会受到雄鸟的攻击。[12]

在一些头足类动物群体里，可以发现同样的行为模式。雄性的普通墨鱼（*Sepia ojJicinalis*）在交配季节有叹为观止

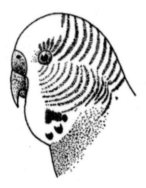

图44　虎皮鹦鹉的头

的视觉展示。遇到另一条墨鱼时，它们会展示自己手臂最宽的那面，与行动同步，它们的色素细胞会变成非常惹人注目的黑紫色和白色（图45）。雄性的争斗是对其他雄性的展示所作出的反应。用塑料模型做的实验表明，它们的展示作用于视觉；形状和颜色模式都会对攻击的释放起作用。[91]

　　蜥蜴的行为很像乌贼。[38, 42, 66, 68]雄蜥蜴用特殊的活动展示其雄性的颜色。美洲刺蜥（*Sceloporus undulatus*）的背部是保护色，但它的腹部有明亮的蓝色。如果蜥蜴不展示的话，它腹部的蓝色是看不见的。在春天遇到另一只蜥蜴，它就会向对方展示。它在对方的面前，采取恰当的角度，微侧着收缩身子，因而让对方看见自己的蓝色腹部（图46）。诺布尔（Noble）表明，用油漆改变雄性和雌性蜥蜴腹部的颜色，蓝色的腹部会释放占有领地的蜥蜴的争斗行为。[66, 68]

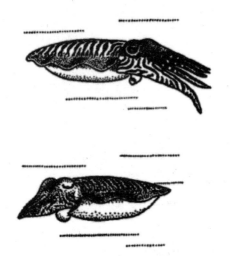

图45 在展示（上）和在休息（下）的雄乌贼

到目前为止，我已经讨论过的一些案例，都涉及那些决定争斗行为时间的刺激。在绝大多数案例里，它们也同时是引起争斗行为的刺激。然而，对交配行为来说，我们就必须区分这两种功能，因为有些刺激只有其中一种功能，却没有另一种功能。以鸭子为例，雌鸭会表现出特殊的活动、叫唤它们的配偶去攻击别的雄鸭。叫唤声只是唤起雄性的攻击性，但是，通过特殊的头部活动，雌鸭会指向它的配偶以及要被攻击的目标雄鸭。[66] 生活在公园里那些驯化或半驯化的绿头鸭，很容易看到这些现象：看到游过来"搭讪"的另一只雄鸭，雌鸭会游向自己的配偶，不断用它的头扭过肩膀，侧着身子，头指向陌生雄鸭的方向。

图 46　正在展示的雄刺蜥

　　第三个问题，和生殖隔离相关，争斗常常限制在同一个物种的成员之间，这也已由上述例子表明。正如那些在交配行为中起作用的信号，同样地，唤起争斗的信号也特别明确、具体，哪怕是对生活在同一片栖息地的相近物种，这些信号都有很大差异。人们可能有这样的想法，与种间交配相比较，进化并没有彻底地消除种间争斗。不过，就已有的证据来说，甚少发生的种间争斗也总是针对那些外表上看起来特别像同类成员的个体。"错误的"攻击也偶有发生，因为一个陌生物种的成员可能恰好展示了那些通常会释放攻击的刺激。在另一些情况里，争斗显然是针对其他物种，因为它们已经成为某些不可或缺的物品的竞争者。比如，已经知道，椋鸟和树麻雀会把它筑巢的树洞里的其他动物赶出去。

啄食顺序

群居的动物，除了雌性和领地之外，也可能为了别的理由互相争斗。个体之间可能因为食物产生冲突，比如一条可口的鲈鱼，或别的某种东西。对于这些情形来说，学习常常可以减少争斗的发生。每个个体都在学习，通过自己愉快或者痛苦的经历得以知道，哪个伙伴比较强壮因而要避开，哪个伙伴较为弱小可以恐吓。以这种方式，"啄食顺序"（the peck-order）得以形成，从而群体里的每一个个体都知道自己的位置。有一个个体是独裁的君主，它统治着其他个体。排第二的个体，它只服从君主，而不从属于任何其他个体。排第三的个体只服从前两个，而凌驾于其他个体之上，等等。许多鸟类、哺乳动物、鱼，都存在这样一种等级秩序。这在公鸡群体里尤其容易看到。

啄食顺序是另一个减少实际争斗的有效手段。不能很快学会避开自己"上级"的个体会处于不利的境地，既因为它们会遭遇更多的上级欺凌，也因为过多的争斗使它们更容易成为猎食者的猎物。

使啄食顺序得以产生的行为，有很多有趣的方面。洛伦茨发现，处于较低等级的雌寒鸦（Jackdaw）如果和一只高等级的雄寒鸦结成配偶，这只雌鸟马上会上升至和雄寒鸦相同的等级，这也就是说，所有比这只雄寒鸦等级低的寒鸦现在都会避开它，尽管它们的等级原本比这只雌鸟之前的等级要高。

美国的相关文献里，有许多关于啄食顺序问题的有价值的研究。[1,2] 不过，有许多文章声称，啄食顺序是社会组织的唯一原则，就导向一个扭曲了的观点。啄食顺序关系只是多种既存的社会关系中的一种而已。

第五章

对社会合作的分析

概述

在前面几章中，我已经尝试表明，社会合作实现了多种不同的目的。交配行为不仅仅是交配动作而已，在交配之前有一系列冗长的准备工作。这些准备工作，或者说求偶，具有非常独特的功能。动物配偶必须走到一块。它们的行为必须同步。必须克服对身体接触的反感。种间交配必须被制止。雌性必须安抚雄性以抑制攻击性。我们已经看到，所有这些功能都通过信号系统完成，通过信号系统，动物个体可以影响另一个体的行动。在家庭生活中，动物父母的行为必须要协调，从而使它们能轮流照顾蛋或幼崽。当幼崽需要喂食，或它们需要在捕食者面前获得保护时，由交互信号实现的严密协作是必要的。家庭生活中的几种关系扩展到了集体生活当中，而我们发现其中的协作也是基于信号。最后，我讨论了争斗，尽管它在某些方面不利于个体，它对于各物种有很大的作用，因为它影响物种间的间隔，从而防止过度拥挤带来的伤害。因为实际的争斗，和过度拥挤一样，都会带来伤害，所以，信号系统对动物是有好处的，比如存在于大多数物种身上的威胁行为，当威胁生效时，争斗的伤害会被降到最低。威胁展示通过两种方式减少争斗：一位主人（某块领地的，某只雌性的，或某个洞穴的主人，等等）用威胁展示吓退竞争者。或者，一位入侵者进行威胁展示以避免攻击，这使得主人能够让无害的入侵者安全离开。同样地，这些功能也依赖于信号。

信号系统已在大量的案例中得到研究。(99) 尽管仍有大量工作有待完成，但已经可能得出一些普遍结论了。

我们已经看到，银鸥父母会通过反刍喂养幼鸟，并通过将食物放在嘴尖，来向幼鸟展示部分食物。年轻的银鸥首先会被父母的"喵喵"叫声唤醒，然后它会啄父母的嘴尖（这很显然由视觉刺激引起），直到食物进到自己嘴里并吞掉。各种信号，听觉的或视觉的，都由父母给出，并由幼鸟作出反应。在讨论这些信号系统时，我会称提供刺激的个体为行动者（actor），对刺激作出响应的个体则称作反应者（reactor）。

行动者的行为

我们的核心问题是：是什么促使了行动者发出信号？是什么使得海鸥父母呼唤幼鸟，并为它们提供食物？从我们自身行为的角度做出判断，我们可能倾向于认为，行动者有某些特定的目的，并且它为了实现这个目的而行动。有很强的证据表明，这种"深谋远虑"——以某种不可解释的方式，很大程度上控制着人类自身行为的这种目的性——并不能控制动物的行为。如果动物们有这样一种谋划，并且能够洞察到可以被行为所满足的目的，那么，就有大量的案例无法得到解释。在这些案例中，动物的行为并不能达到它们的目标，但它们却不会进行任何补救。举例而言，如果一只鸟是为了警示其他个体而发出警鸣，那么，我们就会很费解，为什么鸟儿在身边没有其他需要警示的同伴时，也会发出同样强的警鸣。或者，如果，鸟类父母理解到了孵化和喂养幼雏的功能，那么，被小布谷鸟寄居的鸣禽父母，就不会在小布谷鸟将自己的孩子扔出鸟巢之后，眼看着亲生孩子死掉。可以表明的是，这些行为，以及大量相似的案例，都产生于对内部或外部刺激的反应，它们相对而言更严格也更迅速。如果幼鸟没有乞食，鸣禽的父母就不会喂养幼鸟。如果蛋不在鸟巢里，它们就不会得到孵育。另一方面，鸟类父母必定会在发现捕食者时发出警鸣，无论是否有其他的鸟需要得到警示。

目光回到银鸥身上，所有的证据都在引导我们得出这样的结论：银鸥父母会对一种内在驱动，以及巢穴位置和幼鸟提供的刺激，作出严格的反应。在一只银鸥家长对死去的幼鸟作出反应的情境中，这种行为的严格性会清晰地展现。我曾不止一次看到一只小银鸥被邻居杀死。尽管银鸥父母会在幼鸟还活着的时候竭尽全力保护它，但是，当幼鸟死去后，银鸥父母会狼吞虎咽地吃掉它。父母不再听到幼鸟的呼唤，不再看见幼鸟的动作，这足以使得一只小银鸥失去其作为幼鸟的一切意义，同时沦为食物。

毫无疑问，这个结论可以普遍化。除了高等哺乳动物以外，所有的信号行为都是对内部与外部刺激的即时反应。从这个角度看，人与动物有重要的差异。动物的信号行为，可以与人类婴儿的哭泣相比，或者也可以与任何年龄段的人类不自觉表现出的愤怒进行比较。我们知道，人类的这种"情绪语言"不同于经过思考的发言。动物的"语言"与我们的"情绪语言"属于同一等级。

进一步地说，几乎在我们已经讨论的所有案例里，信号行为都是与生俱来的。这种情况已经得到证明，证明的方式是：让动物在与同类隔离的情况下成长，以使它们没有机会看到并模仿同类的行为。已知的事实是，真正的模仿在动物界极其罕见。可是，当我们看到被隔离的动物能够表现出十分复杂的行为模式，比如建造巢穴，与对手争斗，以及第一次向雌性求偶等等，我们总是会感到十分惊讶。举例来说，我从鱼卵阶段开始就将一条三刺鱼隔离，这种情况下，它表现出了完整的争斗行为，并且，当它达到性成熟阶段后，我让它面对一雄一雌两条三刺鱼，它也表现出了完整的求偶行为链条。从这个角度上说，动物的"语言"也不同于人类语言。

在一些案例中，我们找到了一些特定类型的行动者的行为原因。观察者总是能够感受到，所有类型的"展示"，不论是求偶，威胁，或是其他此类信号，都由一些怪异的行为构成。一个一般性的规则在很久以前就建立了起来：每当身体上颜色鲜艳的部分被用于展示，它们总是会被展示得清晰而显眼。头冠会竖起，羽毛或尾巴会举高，嘴巴会张得很大，只要身体上这些部分艳丽夺目，就会被特别展示。这些亮丽的彩妆总是会对着反应者。许多鸟类会对异性展示鲜艳的扇部；颈环，羽毛或尾巴会展示在后面或侧面。鱼类展开它们的鳃盖以威胁前方，在侧面展示时，它们会竖起所有的鳍。它们通过动作与结构的相互配合，来达到最大的视觉效果。

有些案例，我们不仅知道展示是一种对内外部条件的反应，还知道为什么它以这种特定方式进行。这在威胁和求偶展示中尤其明显。

对引起威胁行为的环境所进行的分析表明，当攻击冲动和逃跑冲动在行动者身上同时激活的时候，威胁行为就会出现。在领地争端中，这种情况很容易得到理解：陌生的动物侵入领地时会释放攻击冲动，在领地之外时则引起逃跑冲动，当领地的占有者恰好在领地边缘上遇见陌生动物时，它会同时产生攻击冲动和逃跑冲动。这种情况产生了"张力"，或者两种相反冲动的强烈活动，这种情景下，会产生所谓的"替代活动（displacement activities）"，它发生在被抑制的冲动寻找出口的时候。[97, 104] 三刺鱼的威胁姿态就是这样一种替代活动。当两条雄性三刺鱼正激烈争斗时，它们古怪的低头威胁姿态会演变成一套完整的挖沙动作，也就是它们筑巢时的第一步。它们被抑制的攻击与逃跑冲动，两种运作模式相反并且无法同时出现的冲动，通过挖沙动作找到了出口。其他物种也在领土边界争夺时表现出相似的举动；但是各物种的替代动作各不相同（图47）。椋鸟与鹤会整理它们的羽毛；山雀会进行喂养动作，许多鸻鹬类甚至会采取睡眠姿态。

再次回到刺鱼，刺鱼的威胁姿态不仅仅会替代为挖沙。它们通常会将侧面转向对手，并竖起一两根腹鳍。这也是它们所激活的冲动自身带有的行为模式的一部分，是对敌人的防御动作的组成部分。当刺鱼被其他刺鱼或狗鱼（Pike）之类的捕食者逼入绝境时，任何一条刺鱼都会这么做。攻击冲动也在威胁行为中得到表达：进行威胁的雄性会猛烈地钻刺沙子，远比它们在真正挖巢时猛烈得多。这种动作也是在为真正的攻击向对手发出警告；它们对沙子（挖沙动作的对象）

图47　各种起威胁作用的替代活动
左上：争斗中的银鸥在"扯草"（替代筑巢行为）
右上：反嘴鹬的替代睡眠
左下：蛎鹬在争斗中替代睡眠
右下：家鸡在争斗中替代进食

做的事情，同样会发生在对手身上，"只要它们敢动手"。

　　在银鸥身上也能发现相似的威胁动作。我在第一章描述过，争斗中的银鸥会从地上扯下草皮或苔藓。这是一种替代的筑巢材料收集行为，起威胁的作用。它不同于真正的筑巢材料收集；威胁对手的银鸥会更用力地撕扯地上的东西，比真正拾草筑巢的时候用力得多。而且，它会选择根茎，坚韧地盘附于地面的草，以及诸如此类的各种东西，并将这些东西用尽全力拉扯出来。同样地，如果真的打起来的话，它的这些动作也会用在另一只银鸥身上。

这类替代活动只在紧张关系非常剧烈的时候产生。在冲突更温和的情况下，**威胁行为**通常会采取结合形式，它将两种潜在冲动的行为模式结合在一起。刺鱼会前后移动，轮换着进行温和攻击和逃跑。银鸥将两种冲动的要素结合在一种姿态里：伸长脖子，嘴尖向下指，以及抬起翅膀是争斗动作的一部分；它们时刻准备进行啄击和扇击。当对手靠近时，它们的脖子会略往回收，这是撤退倾向的标志。因而，这种"直立威胁姿态"是一种被撤退起始姿势柔化了的攻击起始姿势。

求偶动作也会在紧张条件下出现。但深层的冲动并不相同。求偶活动总是涉及性冲动。然而，它可能会被多种条件抑制。我们已经看到，性行为的配合通常取决于信号的交互。当动物正在等待配偶的信号，但信号因为某些理由没有出现时，反应链条中需要接收到信号才能释放的下一环就不会出现。这种情况会让动物进入剧烈却又受到抑制的性冲动。结果就是产生替代活动。雄性三刺鱼向雌性展示巢穴入口的动作，被表明是一种替代活动；在雄性等待雌性进入巢穴的过程中，这个行为会持续进行。释放雌性产卵的颤动，同样是一种替代活动，它出现在雄性等待雌性产出鱼卵的过程中，并且它自身会刺激雄性排出精子。这两个行为都替代为扇水。真正的扇水，是雄鱼为了将水流送入巢穴以使内部流通而作出的行为；它是父母照料行为模式的一部分。

雄性刺鱼的 Z 字舞产生于另一种情况。它源于这样一个事实，雌性会激活雄性的两种冲动：它释放雄性的攻击冲动，同时释放它引导自己进入巢穴的冲动，后者是单纯的交配行为。我们能够表明，Z字舞的每一个"Z"都是一个起始引导动作，也是起始攻击动作。[106] 因此，Z字舞是两个不完整动作的组合，它源于攻击冲动和性冲动的同时激活。

上述案例表明，至少有一些展示行为由其他模式中的动作构成。它们要么由深层冲动的要素构成，要么作为替代活动，来源于完全不同的行为模式。尽管这些分析只在少量物种中进行过，但是，有理由相信，大多数信号动作实际上都是这类衍生动作。相关理由将在第八章进行讨论，因为，这些衍生动作并不总是能一下子就被看出来；详细的比较研究是必要的。

反应者的行为

现在转向反应者的行为，我们同样发现，它们是与生俱来的。银鸥幼鸟一生下来就会对准父母的嘴进行啄食，不需要进行学习。被隔离的雄性刺鱼会对其他雄性作出争斗反应，而对雌性刺鱼进行求偶行为。这些不可能是它学习得来的。换句话说，不仅执行这些行为模式的能力是天生的，它们对于特定的行为释放和直接刺激的敏感性也是与生俱来的。

有大量案例对信号的反应性作了针对性的研究。部分研究结果已在之前的章节描述过。现在我们要更进一步考虑银鸥幼雏的乞食反应，因为我们已确切掌握幼雏所回应的刺激。[111]通过展示一个银鸥父母头部的平面纸板模型，就有可能释放一只刚出生的、毫无经验的小银鸥的乞食反应。幼鸟会像对真正的头部一样作出反应（见 133 页照片 10 与照片 11）。成年银鸥的嘴尖有一块红色的斑点，在黄色嘴部的背景下，这块红色尤为显眼。当这块红色斑点没有在模型上时，幼鸟对它的反应会远弱于对一个有红色斑点的普通模型所作的反应（图 48）。当我们将这两个模型展示给许多幼鸟时，对没有红色斑点的模型作出反应的平均数，大概只有对普通模型作出反应数量的四分之一。有斑点，但是颜色不是红色的模型，所释放的反应数量居于中间。这取决于斑点颜色与嘴部颜色的色差。以同样的方式，也就是通过比较幼鸟对不同模型的反应，我们有可能对鸟嘴的黄颜色带来的影响进行研究。相当出乎意料的是，模型嘴部的颜色对幼鸟没有产生任何影响，除了红色的嘴，它能够释放的反应是其他颜色的两倍（图 49）。拥有自然黄色的鸟嘴并不比白色、黑色、绿色或蓝色释放更多反应。头部的颜色也没有任何影响：人们或许会期望，白色的头部能够比黑色或绿色的头部释放更多反应，可是并非如此。头部的形状也与此无关；甚至即便没有头部而只有嘴也没关系。然而，幼鸟能够清楚地看见头部，因为它们偶尔会啄父母的嘴根部，甚至是父母的红色眼睑。当幼鸟饿着的时候，只有一件事是重要的：父母

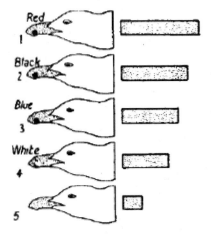

图 48 有不同颜色嘴部斑点的银鸥头部模型（1-4），以及无斑点的模型（5）。
右边的柱状图表示由模型释放的乞食反应的频率

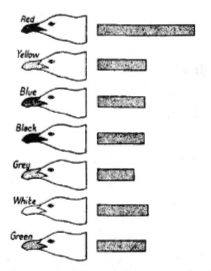

图 49 有不同颜色嘴部的银鸥头部模型。红色释放的反应比其他任何颜色都要
多，包括黄色在内

那有着红色尖部的嘴。此外，嘴部必须又窄又长，必须向下弯曲，它还必须尽可能压低并接近幼鸟。但这就是全部的刺激了；所有其他的东西都与幼鸟无关。值得我们注意的是：银鸥父母的行为和体色多么地符合这些要求。换句话说，它们是多么符合所有幼鸟的期待。父母会走向幼鸟，以近乎垂直的角度展示它的嘴，并将嘴尖放低，嘴尖上还有着红色的斑点。父母的特征与幼鸟所回应的刺激之间这种高度符合十分令人吃惊，尤其当我们回想起，幼鸟并不"知道"父母长什么样子或怎样行动。

在许多已有相关研究的其他动物身上，我们发现，正如银鸥幼鸟那样，在行动者所提供的刺激当中，反应者只会对行动者的部分刺激作出反应。如我们所见，知更鸟（Robin）的争斗只会被胸口的红色释放反应，而不会被其他任何身体特征所影响。雄性刺鱼的斗争被其他刺鱼的红色下半身释放，而与其他任何东西无关。雄性扑翅䴕的"小胡子"带来的影响盖过了所有其他特征，等等。看起来，这些颜色、形状、声音和动作都只有一个功能：释放反应者的恰当反应。这种观点最先被洛伦茨清晰地提出，[55] 他指出，社会反应通常就是被这些特征释放，它们看上去尤其适用于这种功能。他将这类器官称作"释放器（Releasers）"，洛伦茨用下面这段文字来说明释放器这一概念："动物进化出的用于传递关键信号的方式，或许就藏在某种身体特征之中，比如有特殊颜色

照片 10 银鸥在喂养幼鸟

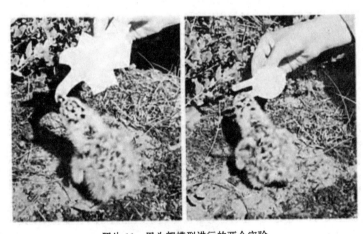

照片 11 用头部模型进行的两个实验
左：奇异形状的头部模型
右：同一个"头部"上有两个"嘴"的
模型；幼鸟会啄最下面的嘴

的图案或结构，或者，它也可能是某种本能行为，比如特定
的姿势，'舞蹈'之类的行为。在大多数案例中，两种情况
会同时出现，也就是说，用某种本能行为来展示有特殊颜色
的图案或结构，进化出这种方式就是专门为了满足传递信号
的目的。所有此类用于释放刺激的装置，我都称其为释放器
（Auslöser），不管这些释放因素是视觉性的还是听觉性的，也
不管它是一个动作，一个结构还是某种颜色。"

　　研究者在该领域所积累的大量证据，基本上能够证实洛
伦茨的假说。虽然，几乎没有案例拥有足够完整的证据，也
还有许多工作有待完成；但是，总体上说，释放器原则看起
来非常适用于理解社会合作的机制。接下来，对于释放器的
回顾，主要为了讨论它所涉及的感觉形式，而不是它所服务
的功能。

对释放器的回顾

　　声音在那些听觉器官高度发展的种群中扮演特定角色。
我们已经看到，许多物种的雄性会通过特殊的高声呼唤吸引
雌性，它们偶或有一些在人类听来十分悦耳，这部分有幸被
冠以歌声之名。歌声作为释放器的实验证据较为罕见，用许
多可获得的鸟类歌声录音进行实验是十分有价值的。雄性沙
锥鸟（Snipe）的"咩咩"声（图50），雄性欧夜鹰的"咯咯"

图50 雄性沙锥鸟发出"咩咩"声。这种声音由外尾羽毛的震动产生

叫，雄性啄木鸟发出的"咚咚"声，很有可能都具有清晰的功能，但它们仍值得进行实验研究。

叫声与"歌声"在另一个种群中也有自己的位置。它们是青蛙和蟾蜍。当然，我们都知道一般的青蛙和蟾蜍的"呱呱"叫声。在热带及亚热带地区，可以发现许多吵闹得多的物种，其中有一些声音十分悦耳，比起一般青蛙聒噪的叫声，它们的表现足以配上"歌声"之名。有关这些两栖动物的歌声以及其他一些叫声，还有许多东西有待研究。

尽管，有实验证据表明，蚱蜢与蟋蟀的歌声和鸟类的歌声有着本质上相同的功能，但是，关于所有其他昆虫的声音，我们几乎一无所知。交配中的雄性草蜢（Grasshopper）会发出一系列不同的鸣叫；这些声音是这一类物种的典型特征，

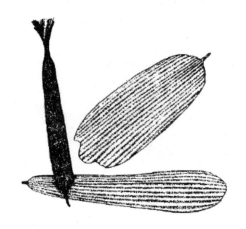

图 51　雄性鳟眼蝶两片通常的鳞片和一片香鳞

并且，各个物种的声音表达也有很强的规律性。我们还知道蝉（Cicadas）、蚂蚁和许多其他物种的声音，但是这些声音的功能尚不为人知。

　　基于嗅觉器官的化学信号也不少见，但它们的功能却也只在少数案例中得到理解。我曾提到过，雄性飞蛾用气味吸引雌性，哺乳动物用气味宣告领地边界。气味也可能在实际求偶中起到说服作用，并刺激雌性进行配合。这是雄性鳟眼蝶的香鳞所具有的功能。香鳞集中在雄性前翼上侧的一个窄带上面。其毛刷样的形状能够帮助气味腺的分泌物挥发至空气中（图 51）。雄性对雌性的求偶高潮通过一个"鞠躬"来完成：雄性展开前翼并包围雌性的触须。雌性的终端嗅觉器官位于触须的棒状结构（clubs）上面，它会在此期间接触到气

图 52　交配中的花园蜗牛。右图：一支"爱之箭"

味区域。雄性的香鳞会在此期间被刷落，而它们被虫胶覆盖着的根基部分，在求偶能力上会弱于完好的雄性，作为对照，后者会在翅膀的其他部分覆盖有虫胶。[108]

　　触觉刺激也在社会合作中起作用。当雄性刺鱼将雌性引至巢穴，雌性进入了巢穴并准备好产卵后。此时，就需要雄性提供触觉刺激。它的"颤动"行为实现了这一目的。

　　另一个求偶行为中的触觉刺激的案例，来自花园蜗牛（*Helix pomatia*）的交配行为（图 52）。这些雌雄同体的蜗牛，拥有完整的交互求偶行为。它由一系列以交媾作为结尾的姿势和动作构成。西曼斯基[88]曾通过模拟通常由配偶提供的刺激，成功释放出蜗牛的完整的求偶行为，他用一只刷子轻柔地触碰蜗牛。这种"触觉求偶"通过一个十分强烈的刺激而达到高潮："爱之箭"（一只尖锐的钙化箭状物）会刺入配偶的身体，而这会引向交媾。

如先前所提及的，许多鱼类的威胁展示涉及特定物种的触觉刺激，它对侧线器官起作用。

各种蝾螈（newts）的求偶行为，似乎是一系列视觉、触觉及化学物质的信号。[61, 110] 雄性普通蝾螈的求偶行为，会以一个姿势开始，它的冠会竖起，并用侧面对着雌性（图53）。而后，雄性会突然跳起，由此产生的强水流会冲向雌性，并时常将雌性冲开。之后，雄性面对雌性，尾巴向身体一侧卷曲，并通过尾巴传递温和的水流，这个动作很可能会将化学刺激带给雌性（图54）。如果雌性作出反应走近雄性，则雄性会转身爬走。稍后，它会停下来等待，直到雌性触碰它的尾巴，然后降下一个精囊，雌性会将这个精囊放进自己的泄殖腔。同样地，下面这些显而易见的判断也需要实验研

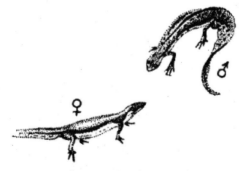

图53　普通蝾螈的视觉展示阶段

图54 雄性普通蝾螈将水流传递给雌性

究的测试：雄性的第一个动作是一个视觉展示，第二个动作提供触觉刺激，而第三个动作提供化学刺激。

视觉释放器相对更为人熟知，尽管我们仍需要非常多的精确证据。之前给出的案例已经说明，动作、颜色和形状可能牵涉其中。有的物种，动作是重点，就如银鸥的各种求偶行为和威胁展示。对另一些案例来说，重点在颜色，就像刺鱼下身的红色，或者银鸥下嘴部上的红色斑点。通常，颜色和动作会同时参与，这种情况下，动作总是非常适合用来展示影响反应者的特殊结构。至于究竟是动作适应结构，还是结构适应动作，又或是相互适应，这显然是个进化问题；我会在第八章回到这个问题。

结语

就我们已经掌握的知识而言，社会合作似乎主要依赖于一个释放器系统。行动者给出这些信号的倾向是天生具有的，反应者的反应也是如此。释放器似乎总是明显且简单。接下来这一点很重要，因为我们从其他工作中获知，天生的刺激释放行为总是单纯的"信号刺激"。因此，作为释放器的结构或行为要素，看上去好像十分适合于提供信号刺激。此外，当释放器服务于生殖隔离功能时，它们也具有特殊性，也就是说，不同物种的释放器也各不相同。这种特殊性并不总是能通过某个单独的释放器来实现，而是需要一个释放器序列，其中每一个别的释放器都不是很特殊，但它们总体上的特殊性非常强。

然而，并非所有交流都基于释放器；存在一些显然更复杂的情况。如我们所见，许多社会性动物，只在释放器由特定个体发出时才会作出反应，它们自己认识这些个体。在这些案例中，通过学习建立起的私人关系，将反应者对信号的反应限制在一个或少数个体身上；它们仍会对自己物种的释放器作出回应，但是，只有在它们将注意力局限在物种中的特定成员身上之后，才会作出反应。

反应者的反应有时是迅速且简单的动作。但它们也时常作出内部反应；这种情况下，信号会改变反应者的态度，并使反应者为更复杂且多样的行为做好准备。

由此，我们可以看到，群体功能是群体中个体成员的属性带来的结果。每一成员都拥有表现信号动作的倾向，以释放反应者的"正确"反应；每一成员都具有特别的能力，使它能够对自己物种的信号具有敏感性。在这个意义上，群体由个体所决定。

有时，社会学家和哲学家断言，个体由群体的需要所决定；第一眼看上去，这似乎正好与上面得到的结论相矛盾。在这个问题上，一些讨论试图指出，在某种意义上两个结论都是真的，但这些讨论都失败了。第一个结论从"生理学"观点上看是有效的，第二个结论则要以进化的观点来看。当个体行为反常时，群体显然会受损害。从这个意义上说，很明显，群体由组成它的个体所决定。然而，只有那些由"有能力"的个体组成的群体能够生存下来，由有缺陷的个体组成的群体则无法生存，也难以顺利繁衍。从这个角度说，个体合作的结果受到持续地测试和检验，因此群体通过这种影响最终决定了个体的属性。该论证可同等地用于个体与其器官的关系。当然，在器官的功能缺陷会危害个体生命这个意义上说，器官决定了个体。个体器官合作的结果从整体上受到检验，且只有器官恰当运作的个体能够生存。因此，从长远来看，个体成功地决定了它的组成部分。

第六章

物种之间的关系

在前面的章节中，我们已经了解到，同一物种内部的个体合作，通常是基于释放器系统。作为行动者的个体给出信号，而反应者对之作出反应。这样的释放器关系（releaser-relationships）并不仅仅局限于种内合作；许多种间合作的案例也是基于类似的信号系统。本章将讨论这类案例。

需要区分两个类型：（1）许多物种进化出了一些装备，其功能就是释放其他物种个体的反应；（2）还有许多物种则在相反的方向努力，它们尽其所能避免释放其他物种成员的某种反应。具体而言：这类物种尽量不引起捕食者的注意，从而避免了捕食者释放觅食反应。

释放反应

释放其他物种个体的反应，这个类型最引人注目的例子，是花朵通过颜色释放昆虫的授粉反应。主要因为一些德国的研究工作，我们已知，许多花以漂亮的颜色吸引并引导它们的授粉者。[24, 26, 35, 39, 40, 43, 79] 它们的颜色就是主要的释放器。冯·弗里施（Von Frisch）驳斥了冯·赫斯（Von Hess）蜜蜂是色盲的主张，他表明，蜜蜂实际上可以非常清楚地区分颜色，熊蜂、苍蝇、蝴蝶和飞蛾也是如此。这些昆虫主要通过颜色的引导找到花朵。这一点可以通过实验证明：引导蜜蜂飞向上面放着一盘糖水的黄色或是蓝色的纸，然后将糖水拿走，并且放上其他颜色的纸张以及一些程度不同的灰色纸张，蜜蜂会直奔那些曾用于训练它们的黄色或蓝色纸张。在确保蜜蜂不会对紫外线和红外线释放反应的情况下，上面的实验能够充分说明蜜蜂不是色盲。

许多案例研究了花朵颜色对蜜蜂的重要性。例如，诺尔（Knoll）注意到，蜜蜂既会特意造访半日花属（*Helianthemum*）的黄色花朵，也会偶然飞落在其他黄色花朵上。摘掉半日花属的所有黄色花瓣，即使花朵剩下的花蜜与花粉完好无损，蜜蜂也会忽视它。然而，如果将黄色花瓣状纸张贴在花朵上，蜜蜂又会像之前那样飞过来。类似的测试还在大蜂虻（*Bombylius*）和麝香兰（Grape-Hyacinth）的蓝色花朵之间做过；大蜂虻是一种食蚜蝇（Hover Fly）。在麝香兰间放一个由各色纸块和不同程度的灰色块组成的棋盘，大蜂虻只会飞向麝香兰和其中蓝色的纸块（图 55）。

　　许多植物的花朵周围还长着颜色鲜艳的叶子，尽管这些叶子严格来说并不属于花朵，却使得花朵更为显眼。地中海国家的本土植物金缕梅（*Salvia horminum*），是种常见的一年生园林植物，它长着一个由深紫罗兰色的叶子组成的"皇冠"，这顶"皇冠"比起它小小的淡紫罗兰色花朵还要显眼些。地中海国家的蜜蜂，总是先对那个亮丽的皇冠释放反应，然后才降落到花朵上。诺尔进一步观察到，在布拉格，因为金缕梅只在植物园里种植，蜜蜂一开始不知道花朵在哪里，它们总是先被皇冠吸引，然后要搜寻很长一段时间才会最终降落在花朵上（图56）。

　　用那些喜欢造访红罂粟的昆虫进行棋盘实验时，出现了意料之外的结果。例如，熊蜂（Bumblebees）会被红罂粟花强烈吸引，但却完全不会飞向附近的红色纸块。这是因为昆

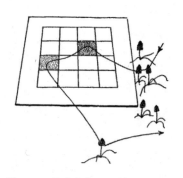

图55　一只食蚜蝇（大蜂虻）飞向麝香兰和蓝色纸块的飞行路线

图56　蜜蜂的飞行路线受金缕梅紫罗兰色的"皇冠"叶所吸引

虫并不对罂粟的红色释放反应。大多数昆虫对红色都不敏感，当它们看到红色时实际上看到的是黑色。对于它们来说，红色是一种"黄外线"。这类昆虫会对罂粟反射的另一种光——紫外线——释放反应。昆虫不仅可以看见我们所不能看见的紫外线，还会将它区分为一种完全不同的颜色。因此，罂粟的红色只不过是一个副产品，对昆虫来说并不具备吸引力，真正重要的是它的紫外线色。在我们认识的植物中，真正红色的花朵极其罕见。现实中的大多数"红"花都只不过是紫色的，或者红色和蓝色的混合，正是这些花的蓝色色调吸引了昆虫释放反应。

真正的红色花朵生长在授粉鸟出没的地区；例如，蜂鸟（Humming Bird）会造访许多美国的植物，它们的花朵是火红色的。我们生活的地区，植物进化出相似的针对鸟类的适应性：这些花有明亮的大红色，它们的浆果会被鸟吃掉，而种子能否发芽可能取决于此。

许多花呈现出"采蜜指南"（honey-guide）的模样，由点状或线条构成的图案，以一种特定的方式分布在中心的四周，达到引导的目的。有一些案例证明了这种采蜜指南的引导功能。云兰属植物柳穿鱼（*Linaria vulgaris*）的下边缘有一个深橘色斑点（图 57），就在花朵入口的下方。天蛾（Hawk Moth）是蜂鸟的一种，它有一个足够长的喙，只要将喙尖对准橘色斑点，就能成功找到入口，采到花朵深处的花蜜。诺

尔和库格勒（Kugler）用人工
花，对采蜜指南的另一种反应
进行了实验，他们观察研究了
由花朵中心向外辐射的线条的
作用。（图58）

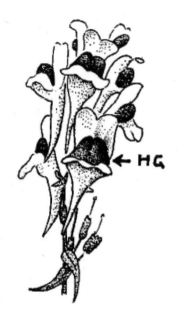

当然，不仅仅是花的颜色
会吸引昆虫，气味也一样。各
种昆虫利用花的气味的方式各
不一样。蜜蜂和熊蜂首先会被
花的颜色吸引，因此用彩色纸
模型可以轻易骗到它们，但它
们会在大约半英尺的距离前掉
头，除非纸花散发出真正的花
的气味，它们才会降落在上面。

图57　柳穿鱼和它的橘色采蜜指南
（HG）

气味对于昆虫来说，是确认花朵身份的最后手段。

一些蝴蝶则会以另一种方式对气味释放反应。它们不
会直接飞向气味的来源，而是通过有色物体（主要是黄色
和蓝色）对多种香气释放反应。气味释放了它们的视觉反
应，但并没有引导它们飞向花朵。许多花在黄昏时散发出
强烈的气味也显示了另一种不同的功能：它确实吸引了较远
距离的飞蛾。我曾观察到对此最好的一个说明：我将金银花
（Honeysuckle）藏在一个有切口的木箱子中，花放置在木箱的

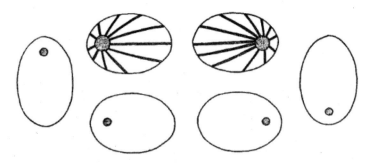

图 58　有采蜜指南模式的人工花；实验中的蜂鸟（天蛾）飞向有线条环绕的斑点

中心，在外面是看不到花的，而气味可以通过切口自由散播。在黄昏时，这个装置吸引了许多松鹰蛾（Pine Hawk Moth），它们在十码开外处对花释放反应。这些松鹰蛾呈之字形环绕着箱子飞，并很快找到了进去的路（图 59）。诺尔研究了多种天蛾的视觉反应，他发现，即使在天黑之后甚至连人类肉眼都不能看见的情况下，它们仍然可以分辨颜色。

最后，在谈论花与昆虫的关系时，还不得不提到陷阱花（trap-flower）。在英国的植物里，最著名的例子是斑叶疆南星（*Arum maculatum*），它也

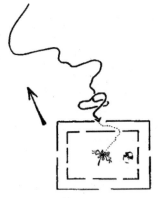

图 59　松鹰蛾被隐藏的金银花的气味所引导的飞行路线；大箭头说明风向

照片 12　在休息的柳天蛾

照片 13　被触碰后柳天蛾在后翅上展示"眼斑"

叫"王公与贵妇"。[39]疆南星的每朵花都是一个佛焰花序，被包在一大片叶子中。花序的最顶端有一个"俱乐部"，它发出能够吸引多种昆虫的香气，当这些昆虫闻香赶来时，不管是停在俱乐部上的还是飞入佛焰苞中的，都会迅速掉入花洞中，因为俱乐部和佛焰苞都非常地滑。花洞瓶颈处有一圈花穗，能够阻止体型大的昆虫进入；滑溜溜的花穗配合滑溜溜的洞壁，彻底困住小昆虫，它们只能不断徘徊其间。第一天，雄花闭合，而雌花打开准备授粉。这些昆虫只在洞中被困一天，并且之前它们就在花间飞来飞去，已经携带了花粉；只要雌花授

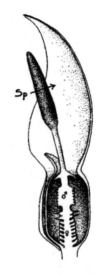

图 60 斑叶疆南星花序的纵剖图；显示雄花和雌花在陷阱中的位置以及佛焰苞（Sp）

粉成功，洞壁的细胞就会收缩，失去滑性，所有的昆虫就都能逃走了。但在逃走之前，雄花便会打开，让这些昆虫带走雄花花粉，从而传递到下一个它们落入的"陷阱"之中（图 60）。

至此，我们已经看到，植物为了吸引和引导授粉昆虫而进化出的多种装置。许多昆虫对这些装置的反应都是天生的。比如熊蜂和天蛾对颜色的反应，或许还有其他一些案例。我们还知道，蜂蜜、熊蜂和其他一些昆虫习得了另一个技能，它们某一阵子专门对一种植物作出反应，另一阵子又专门寻

觅另一种植物。它们的内在反应与丰富的学习过程究竟是如何混合起作用的？还没有任何一个具体案例可以揭晓答案，需要做的工作还很多。

这些物种间的关系是相互作用的，就如同种内关系一样，双方都能在合作中获利。然而，种间关系中也有为单边关系服务的类型，它的某些方面极富趣味，下面会简要地讨论。

北海的鮟鱇鱼（*Lophius piscatorius*）进化出了一种能诱骗小型鱼类的信号。鮟鱇会完美地伪装自己，然后通过它头顶部的"诱饵"模仿一定大小的动物的移动，从而释放小鱼的觅食反应。当这些小鱼游近时，鮟鱇会在它们抵达诱饵之前就张开大嘴，吞掉所有受害者。[116]因而，鮟鱇发展出了一种能够适应其猎物的特殊感官的释放器，但它们的猎物显然没有发展出应对鮟鱇的适应性。

一些兰花提供了类似的案例，比如对叶兰属（*Ophrys*）的植物，它们的花看起来就像某种昆虫。这些昆虫的雄性之所以会因对叶兰花释放反应，并不是为了食物，而是为了交配；因为它们是根据颜色和形状来释放交配反应的，所以它们彻底被对叶兰花欺骗了。它们的目的是交配，却为花授了粉。[4]这样的适应性亦不是相互的。

或许，一些动物的偏离装置（deflection device）也是一种单边释放器。有些鱼类，它们的眼睛（头部特征的主要结构）被隐藏了起来，可能藏在一条深色横条纹下面，但是，

图 61 四眼蝴蝶鱼和它的"眼斑"

身体的反方向却长着一个显著的黑色圆斑点。一种热带鱼，四眼蝴蝶鱼（*Cheatodon capistratus*），有一个奇怪的习惯，它会向尾巴的方向缓慢地游；一旦发现有捕食者，它就会飞快地从正常的方向逃跑。[13] 这或许是因为，捕食者被它游动的方向和尾部的"眼斑"欺骗，而向尾部咬去，从而不能牢牢地抓住它（图 61）。科特（Cott）还提到过另一些关于偏离装置的例子。虽然我相信这些尾部的眼斑有作为种内社会活动的释放器的用途，但偏离装置的存在是毫无疑问的。对这个问题做进一步的实验，一定会十分有趣。

另一类引人注目的颜色是所谓的警戒色。它们的功能就如同花朵颜色的功能一般，是释放其他物种某只动物的反应。不过，并不是吸引别的动物，而是促使它们逃跑或者后退。警戒色是专门针对捕食者的。这里涉及的关系也是一种单边关系，因为捕食者的后退对它没啥好处。

在警戒色里，还必须区分出两种完全不同的类型：在一种类型里，颜色对于捕食者没有影响，除非捕食者学会这颜色意味着伤害；在另一种类型里，突然的展示会让捕食者受到惊吓，但使用这种防御的动物完全是"虚张声势"，它们其实是无害的，也可以食用。当我们谈论"真警戒色"时，一般指的是第一种类型，而"假警戒色"则指那些虚张声势的情况。

许多蝴蝶和飞蛾都有漂亮的假警戒色。比如，柳天蛾的后翅上有一对颜色鲜亮的斑点，看起来就像脊椎动物的眼睛。它是夜行动物，在白天休息；休息时完全伪装，前翅隐藏着后翅。而一旦它被触碰，尤其像是被鸟喙那类锋利的物体击中时，它会立刻张开翅膀展示后翅，并缓慢地前后扇动翅膀（见 148 页照片 12 与照片 13）。实验表明，鸟类会害怕这样一种展示，随即飞离柳天蛾。[77] 后翅的颜色被刷掉后，这种展示就不再对鸟造成影响，天蛾会不幸被吃掉。全世界有许许多多的昆虫都会像这样突然展示显著的颜色。已经表明，这个功能完全取决于展示的突然性；如果将它们放在喂食的托盘上，让它们的警戒色清晰可见，昆虫就会被鸟吃掉。这也说明，这类物种绝大多数是可食用的。

更具体地讨论各种类型的警戒色，会让我们离题太远；而且，有一些书专门处理这个论题。[13, 72] 我仅仅想特别指出，许多警戒色都很像眼睛，这并不是偶然的。眼睛总是十分引人注目（很多神秘动物因而进化出了许多隐藏它的办法），而且，许多物种（特别是鸟类）会对近在身边的盯着它们的眼睛感到害怕。

已经有许多实验专门研究花朵颜色的功能，特别是那些神奇的颜色以及真警戒色，但关于假警戒色的实验研究却很少。几乎所有表明假警戒色存在的证据都是意外获得的，但也不是那么地确凿。在实践上，这是一个几乎还没人涉足的诱人领域。

真警戒色以另一种方式发挥作用。它们从不隐藏，一直展示着。普通的黄蜂就是一个很好的例子。[65]当鸣禽第一次见到一只黄蜂时，比如红尾鸲，它会毫不犹豫地抓住黄蜂。有时（虽然这种情况十分罕见），黄蜂会蜇这只鸟，然后这只鸟就会放它走，并以多种方式表现出被蜇之后的不舒服；它会甩甩头，擦擦嘴。总之，它不会再对黄蜂感兴趣。然而，更常见的情况是，黄蜂不会蜇鸟，它早在能蜇鸟之前就死了。这些证据表明黄蜂不好吃：鸟不会将黄蜂吃完，如果是整个吞下的话，之后又会吐出来。莫斯特勒（Mostler）表明，大多数的鸣禽都在一次或几次经验之后学会远离黄蜂。它们从此会回避黄蜂，包括所有跟黄蜂颜色差不多的昆虫，这个事实说明它们是通过颜色来识别黄蜂。这类颜色并不能激起捕食者的内在反应，它是在捕食者将颜色识别为一种不好吃的信号时才发挥作用。这些观察也可以应用于黄黑相间的朱砂蛾（*Euchelia jacobaeae*）幼虫。温德克（Windecker）[117]表明，很多幼鸟都尝试过吃朱砂蛾幼虫，它们很难吃，因为它

照片14　朱砂蛾幼虫的真警戒色展示；捕食者对它们没有天生的回避反应，
而是习得了这种颜色图式标志着不能吃

们皮肤的某种成分和异乎寻常的毛。为了表明这一点，温德克将毛虫的不同部分和粉虫混合：如果仅用内脏部分混合，没有鸟会拒绝；如果粉虫里混入了毛虫皮肤，鸟在尝过一次后就会表现出恶心的反应并拒绝食用。温德克甚至刮下了毛毛虫的一些毛，将它与粉虫混合，这也足够使鸟拒绝食用。

拟态和警戒色有紧密联系。虽然拟态者自身并不是不好吃，但通过展示与它们拟态的物种相同的颜色，尝试过不好吃的"例子"的捕食者就会回避它们。这个在很久以前就由贝茨（Bates）所提出的假设，被莫斯特勒完美地通过实验证明了。那些拟态黄蜂、蜜蜂和熊蜂的苍蝇，总是会被没有经验的鸟吃掉；而只要这些鸟学会了要回避黄蜂、蜜蜂和熊蜂，它们就不会再针对那些拟态者。

也有一些物种会相互拟态。温德克表明，学会了不吃朱砂蛾幼虫的鸟类，就也学会了要避免吃黄蜂。通过这种方式，捕食者可以将"教育税"的压力分担到其他物种的身上。这类相互拟态被称为米勒拟态（Müllerian mimicry）；就我所知，温德克的工作，第一次用实验证明了米勒拟态的存在。

避免释放

现在来讨论第二种类型的种间视觉适应性，它的作用是避免引起注意。这种类型包括各种保护色。伪装动物尽力不展现任何可能释放捕食者反应的刺激。它们进化出了一种消极意义的视觉释放器。对这些消极释放器进行研究，获得了一系列证据，这些证据反过来又确证了动物释放器研究的结果，即哪些刺激最容易让动物作出反应。鉴于释放器因移动而更显著，伪装动物尽量避免移动。鉴于释放器通常与环境颜色相反，伪装动物就尽量适应环境颜色。鉴于释放器的轮廓清晰简单，伪装动物就模糊它们的轮廓，使身体的模样混入环境。鉴于最特殊的警告色是"眼斑"，伪装动物就隐藏自己的眼睛。我必须要克制自己不再列举更多的例子，有兴趣的读者可参阅科特关于适应色的著作。[13]

大量的实验证据表明，不仅人类的肉眼难以发现那些有保护色的动物，对它们的自然天敌来说也是如此。其中，萨姆纳（Sumner）[85, 86, 87] 对食蚊鱼（*Gambusia*）做的一系列测试最令人信服。食蚊鱼可以慢慢改变自身的颜色，使自己与背景色保持一致。萨姆纳将已经变好色的鱼和还没来得及变色的鱼一同放进一个巨大的水族箱里；水族箱里外都有捕食者：鹭在上方捕食；企鹅在水中捕食；还有一些食肉鱼类。在这些实验里，颜色显著的鱼被抓住的数量远远多于伪装好的鱼。戴斯（Dice）[19] 则是用颜色深浅程度不同的小老鼠做实验：有一些老鼠与地面的颜色更相近，猫头鹰也确实先抓那些伪装得不太好的老鼠。这个领域的多数实验，都是关于动物的颜色与背景颜色相似程度的。关于伪装的其他方面，还有待进一步研究：模糊的轮廓，隐藏的眼睛，反荫蔽，等等。

　　这个章节虽短，但足以表明，释放器不仅仅用于社会性交流，在种内成员之间建立起关系，而且，有些种间关系也是建立在这个基础之上。释放器总是用于释放对行动者有利的反应。它们的主要特征——显著性和简单性——不论在种内还是种间关系中，都可以找到。与之相较，明确性则只有某些种间释放器才有；例如，各种警戒色似乎就不需要很明确。

第七章

社会组织的增长

分化与整合

一只动物和它的幼雏之间的关系，在最开始的时候，在很多重要的方面正如个体和它的一个器官之间的关系一样。最初，幼雏不过是母亲身体里的一个卵细胞，是母亲的一个器官——卵巢——里的一个细胞。卵细胞一旦受精，就开始分裂和分化（differentiate），经过一系列复杂的过程，母亲的身体开始为它提供营养，并形成支持和保护它的结构，逐渐地，卵细胞变成多少有些独立的整体——卵。当卵离开母体之后，它对母亲的依赖性变得比以前更少：它不再需要母亲为它提供营养和氧气。当然，它仍然不是完全独立的；母亲还需要孵化。分化在继续进行；一些细胞形成皮肤，一些形成内脏，另一些形成大脑，等等。

蛋孵化之后，母亲和它之间的关系会发生剧烈变化。哺育当然仍然是必要的，但是母亲不会再移动蛋。一些新关系建立了起来，比如喂食和清除粪便。另外，幼鸟开始对母亲的叫唤和警示声作出反应。这些关系，和那些旧有的关系一样真实而且重要，尽管相对而言较难识别。除了一些小变化，这些新关系会一直持续起作用，直到幼鸟完全变得独立。对有些物种而言，兴趣的降低会结束这些关系，有时候因为父母的原因，有时候因为孩子；最常见的情况是双方都有责任。父母常常会采取主动，把幼鸟赶走；比如，当它们要开始新一轮的繁殖周期，我们就能观察到上述情形。在其他一些案例里，父母和孩子之间的纽带会变成社会群体的一部分；家庭变成族群。

因此，这类群体起始于个体和它的一个器官之间的关系，它逐渐变为个体之间的关系。关系发展的一种典型情况是器官逐渐增长的独立性，以及器官分化程度的增加。一个个体，通过器官的不断分化，可以产生一个社群。这样的分化甚至可以产生非常复杂的社会，比如社会性昆虫的"王国"。我会讨论一些案例，先从母亲和孩子之间相对简单的关系开始，然后讨论更为复杂的关系类型。

绝大多数昆虫王国都起源于一只受精的雌性。许多昆虫，产卵之后就抛弃了它们，"社群"关系就仅仅止于个体和它的器官之间的关系。然而，许多蜜蜂和黄蜂（wasps）在产卵之后继续照顾它们，甚至会照顾已经孵化了的幼虫。有一些

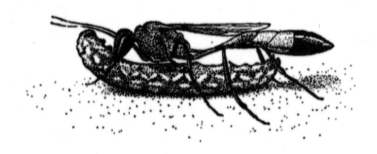

图62　安德里安塞泥蜂与猎物

独居的黄蜂，比如安德里安塞泥蜂（*Ammophila adriaansei*），（图62）不仅会像其他泥蜂一样，为幼虫提供瘫痪的猎物作为食物，而且在幼虫吃完第一批食物之后会带来新食物。当幼虫开始结茧，母亲就会离开它；在后代破茧孵化之前，它就已经死了。

在独居的蜂里，我们发现一些种类，与泥蜂比起来，它们的社会组织达到了更高的层次。有些隧蜂，比如四条隧蜂（*Halictus quadricinctus*），不仅会给卵储存蜂蜜和花粉，还会待在地穴里直到幼虫孵化；它和后代一直紧密联系着。它们的后代不离开地穴，而是不断扩大它，也在地穴里产卵并照顾自己的后代。每只隧蜂都会给自己的幼虫带来食物，同时也照顾其他隧蜂的幼虫。不过，在秋天孵化的最后一代隧蜂，就没那么有社会性了；它们离开巢，散落到不同的地方。每只蜂单独寻找冬眠的所在，那些幸存者会在第二个春天重新找到一个新家庭。

熊蜂进化出了社会组织的一个重要步骤。一个熊蜂群体也是由一只雌蜂建立的，也就是蜂后。蜂后和它的后代联系密切；它偶尔会打开幼虫在其中生长的蜂房，为它们重新补充食物。最早的一批幼虫都是雌性。但是，这些早期的雌蜂卵巢发育不完全，没有生育能力；它们都是工蜂。从这时候起，蜂后就变成了产卵的机器；其他工作都由工蜂完成：它们建蜂巢，飞出去收集食物，喂养蜂后以及它的子女。在熊蜂群体里，个体之间也存在劳动分工。盛夏过后产的卵，会孵出发育得更完全的雌蜂，以及雄蜂；它们会进行交配。等到秋天，整个大家庭都会解体。除了已经受精的雌蜂外，其他的熊蜂都会死去。这些承载着希望的蜂后开始冬眠，有些会独立寻找冬眠的所在，有些待在旧蜂巢里，但不管怎样，它们都会在来年春天踏上一段旅程，开始寻找新的地穴，在那里建立一个新的熊蜂社群。

社会性的蜂，最为人知的就是蜜蜂，它们的社会组织更为发达。首先，劳动分工被推行到了极致。[75] 正如熊蜂群体里有蜂后，工蜂（不能生育的雌蜂）和雄蜂。工蜂承担了群体的大量工作。有些采集花蜜，有些采集花粉；有些只负责建造蜂巢；有些专门承担养育义务，只照顾孩子。这种劳动分工完全取决于年龄：每只工蜂在人生的不同阶段会履行不同职责。刚出生的工蜂，在离开蜂房后不久，就开始清扫房间，包括自己的蜂房和别的工蜂出生之后留下的空蜂房。只有蜂房被打扫得干干净净的，蜂后才会在里面产下一枚卵。干了三天左右的清扫工作后，它开始喂幼虫，特别是年长一点的幼虫。为了达成目的，它从食物储存室收集蜂蜜和花粉。又约莫过了三天，它开始也给更小的幼虫喂食。除了蜂蜜和花粉，它们还需要给这些幼虫喂食一种"牛奶"，这是工蜂头上的一种腺体分泌的容易消化的食物。这个"年龄"的工蜂也会开始自己人生的第一次野外冒险；它们飞出去，做一些短距离的侦察，不过，还不会采集花蜜和花粉。约莫十天之后，工蜂放弃了之前的工作。幼虫引不起它的兴趣了，它开始着手履行管家的各项义务，比如，从飞回家的采集蜂那里接过蜂蜜，将它存放到蜂房或者喂给其他的蜂；将采集蜂带回来的花粉踩踏得更结实，放入花粉蜂房；用蜡腺分泌的蜡建造新蜂房；将死蜂或者垃圾搬出蜂巢。大概二十天左右，它成为一名卫士；守在蜂巢的入口，检查每一只回来的蜂。同时值勤的卫士有二三十只，它们会攻击入侵者，把它们赶走。不过，卫士的工作不会干太久。它们很快就会成为采集蜂，飞到野外去采集花蜜和花粉；这份工作至死方休。在采集蜂里，还存在进一步的劳动分工；有些是"侦察兵"，在当前某种植物提供的食物所剩不多的时候，它们要去寻找新的食物来源，找到之后，还要用"舞蹈"告诉其他同伴新食物来源的类型、方向和距离。

　　蜜蜂和熊蜂群体还有一个区别，它们不会在秋天解体。除非受到扰乱，否则，同一个群体会年复一年地存在。因此，这个群体的存在时间比它任何一个构成成员的时间都要长，这就是为什么它们的群体被称为"王国"。一个新的王国并不是由蜂后单独建立起来的，而是由一群蜂，包括一只蜂后和各个阶级的工人。原来的王国也有一只蜂后，在新蜂后诞生之前，老蜂后就会领着一群蜂飞去一个新地点。秋季后期，更多的蜂群离开蜂巢，每一群蜂都由一只年轻的蜂后带领着。新王国建立的过程，容易让我们想起细胞分裂的过程。这两种情况中，后代在获得独立之后，都必须靠自己的劳动来发展。

　　所有种类的蚂蚁都是社会性动物，对它们而言，有多种不同的建立新据点的方式。对许多种类的蚂蚁来说，受精的雌蚁会定居下来并开始产卵，新据点的第一批工人便如此诞生。另一些种类的蚁后无法仅凭自己生存，她必须获得大量工蚁的帮助。其中，有些种类的蚁后会带领一群追随者离开巢穴；另一些种类的蚁后会进入同类的现有巢穴，并迫使原来的蚁后离开。有一些种类，蚁后会进入其他种类蚂蚁的巢穴，杀死其中的成年蚂蚁，并接收它们的幼虫；通过这种方式，令人好奇的"奴役"现象便产生了。还有一些种类的蚂蚁，在同一个巢穴中存在许多蚁后；时不时地，会有一只蚁后带领一群工蚁离开去寻找新的据点。

白蚁（Termites）群体，虽然与蚂蚁有惊人的趋同性，但是它并非源于一个母系家族，而是源于一对配偶及其子嗣。雄性与雌性有着相同地位：存在着一对"皇室夫妇"（图63）；在工蚁当中，雌性与雄性的数量也是相等的。工蚁通常都无法孕育后代。有时也会出现生有翅膀的具有生育能力的雄性和雌性。它们会聚成一大群一起离开巢穴。

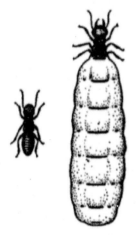

图63　白蚁的"王"（左）和"后"（右）

在群集之后，它们会失去自己的翅膀，然后在地面上完成配对，在那里，雌性会通过一种特殊的气味腺吸引雄性。此时，这对配偶都尚未性成熟；它们不会交配，而是先挖一个洞，这就是一个白蚁洞穴的起源，它将是这对白蚁与未来后代的家。在一段时间之后，这对白蚁会交媾并产卵。白蚁的幼虫并不像蜜蜂或蚂蚁那样无用，它们参与到居住地的许多活动当中。逐渐地，它们会成长为成年工蚁，并分入不同的"阶层"。

近来，另一种建立新群体的方式被发现，该方法与先前提到的一些蚂蚁有相似之处。格拉斯（Grassé）和诺朗（Noirot）[28]曾观察到，从一个巢穴中出现许多密集的队列，并迁移了相当长的距离去寻找新巢穴。皇室夫妇在其中一个队列里面。所有的阶层都会出现在队列中，包括有翅膀的个体。在没有皇室夫妇的群体里，"替代繁殖"会通过"性早熟"的方式发生，幼虫会更早地性成熟。这种由一个社群分裂为几个平等的小社群的方式，格拉斯称其为"分群（sociotomy）"。

分群严格意义上来说并不是一个新社会的起源模式，除分群之外，所有已经讨论的案例都表明，一个社群是通过母子关系的分化而产生的；对白蚁而言，父亲也参与其中。这一类社会的起源方式被称作"增长（growth）"或"分化（differentiation）"。

然而，并非所有类型的社会组织都以这种方式开始。许多社群的产生来源于独立个体的聚集与联合，个体会因此失去自己的独立性。

举例来说，当雄性和雌性组成配偶时，以及椋鸟聚集在一起时，就会发生这种情况。它们会建立起以前未曾有过的联系。这种社群发展的方式被称作"构建（construction）"或者"整合（intergration）"。分化和整合这两种程序以相反的方向进行；对前者来说，群体中完全独立的成员发展成一个相互合作的王国；对后者而言，相互合作则取代了完全独立。

社会联系的建立

在这两种类型的社会发展过程中，合作是如何产生的，社会关系又是如何建立的？我们已经看到，行动者的内在活动系统，以及反应者对行动者行为的反应（通常来说是内在的），二者共同确保了合作。行为要素的恰当运作则作为一种规则，由"预先的准备"提供保证。一只鸟会在产蛋之前具备孵育蛋的倾向。在蛋孵化之前，喂养幼鸟的准备就已经完成。这些倾向通常会保持静默，直到它们的外部反应对象出现并提供释放刺激。在一些反常条件下，甚至有些时候在正常条件下，它们会在没有恰当的释放对象时执行特定行为。举例来说，许多鸟类会在蛋产出之前就坐在鸟巢里。对鸟儿来说，成熟的不仅仅是对蛋作出反应的准备，一同成熟的还有作出特定行为的强烈驱动力，即便蛋还未出现。我们都知道，在人类女性身上，有可与之相比的行为：一位没有子女的女性时常会为自己提供能满足母性冲动的替代品：可以是一个领养的孩子，或是一只宠物。许多未生育的女性会对其丈夫发展出一种令人好奇的矛盾态度，她会让丈夫同时扮演伴侣和孩子这两重角色。

在整合型的社会发展中，合作也以同样的方式得以建立。行为倾向和对同伴的行为作出反应的倾向通常是预先准备好的。无论是鳟眼蝶还是刺鱼，都不需要去学习如何识别或回应自己的社群同伴与性伴侣。

进一步的发展

两个或多个个体之间社会联系的建立，并不总是这种关系发展的终点。随后还可能产生各种变化，现在我们就要讨论这一点。

在一些案例里，我们可能会注意到一些逐渐的变化，比如社会活动的增多或减少。在雄性刺鱼的父亲行为中，这种变化得到过研究。其中一个行为是"扇水"，雄性刺鱼通过鳍部的特殊动作将水流送入巢穴，以此将氧气带给鱼卵，并将二氧化碳带走。在鱼卵仍未成熟时，雄性只会花一小部分时间扇水。之后，鱼卵会需要越来越多的氧气，并排出越来越多的二氧化碳。雄鱼会通过日渐增多的扇水时间来应对这种需求。这种行为的增多，一部分是因为鱼卵提供的刺激强度逐渐提高：若将排出八天的鱼卵放入有三天鱼卵的巢穴中，雄性的扇水活动就会显著增多。然而，正常情况下，扇水活动在鱼卵成长过程中的增多，部分取决于雄性的内部变化：对于处在不同周期的雄性，若用刚出生的鱼卵替换掉巢穴内的鱼卵，则雄性的扇水活动，虽然总是会略有减少，但并不会减少到如第一天那样少。在周期中越靠后的时间替换鱼卵，雄性对新鱼卵的反应也就越强烈。

相似地，坐着孵蛋的鸟类，其孵育冲动会随时间增强。在蛋被破坏或无法孵化时，这种情况仍会发生。

在鸟类和鱼类的配对过程中，曾观察到一类更复杂的逐渐变化。维尔威（Verwey）[113] 为青鹭（Blue Herons）的配对提供了很棒的描述。这种鸟在冬季独自居住，并在春天返回繁殖地。雄性青鹭会先到达繁殖地，并盘踞在前一年留下的旧巢上，或是它们准备建造新巢的地方。在那里，每一只青鹭都会"歌唱"，它们发出刺耳的、只有一个音调的叫声，这种声音不太能满足人类的耳朵，但是能够吸引雌性青鹭。当雌性到达繁殖地时，它会落在自己选中的雄性周围的树枝上。雄性会立即开始求偶，但是，如果雌性靠近以作回应，雄性会将它挡开，紧随其后的将会是一场小冲突，甚至可能是一场激烈的争斗。若是雌性飞走，雄性会立刻恢复它狂乱的叫声，而雌性可能会回到它的身边。敌对反应可能会再一次被激起，但是，攻击性会逐渐下降，鸟儿们会渐渐开始容纳彼此，并最终开始交配。显然，雄性（大概雌性也一样）会以两种方式对配偶作出反应：一种是性反应，它引导鸟儿们为了交配这一共同目标而聚到一起，另一种是攻击反应，其中可能掺杂着恐惧，或是逃跑的倾向。渐渐地，性冲动压过了敌对倾向。这种涉及多种冲动的相对强度的变化，可能是源于某种学习程序，鸟儿们会逐渐习惯彼此。它一部分的原因可能是，在配偶提供的刺激不断重复和延长的影响下，性冲动逐渐增强。一个事实指明了这一点，那就是，青鹭配偶之间的冲突在繁殖季后期是罕见且短暂的。等待配偶两个星期的雄性青鹭有极强的性冲动，它可能会立即接纳刚刚加入繁殖季的雌性。

三刺鱼，如我们所见，仅为繁殖这一目的而交配，而且，在三刺鱼配偶之间不存在情感依赖的问题，对它们而言，从起初的敌意，到之后单纯的性行为，这一变化完全取决于性冲动对敌意的抑制。[106] 雄鱼对接近的雌鱼作出的第一个反应，"Z"字舞，表达了两种冲动。每一个"Z"字的开头都是一个后撤动作。这一部分也是单纯的性反应的开头：游向巢穴，只有在那里雄鱼才能使鱼卵受精。两个事实表现出这一点:(1)在特定条件下，"Z"字可能演变成完全的"引导"动作，即雄鱼会径直游向巢穴;(2)性冲动最强烈的时候，也是"Z"字最明显的时候。"急转"是朝向雌鱼的动作。在极端案例中，急转弯会演变成真正的攻击;当雄鱼被表明有极端强烈的攻击冲动时，这种情况才会发生。雌鱼对"Z"字舞作出的反应为雄鱼的性冲动提供了强烈的刺激。当雌鱼转向雄鱼时，雄鱼会立即停止舞蹈并游向巢穴。雄鱼接下来的一整个行为链条——游向巢穴，展示巢穴入口，颤动，释放精子——都显然是性行为。而雄鱼的混合行为（它的"Z"字舞）转变为单纯的性行为，仅仅是因为，雌鱼提供了一个新的性刺激作为对舞蹈的反应。这个刺激改变了雄鱼行为的平衡，使其转换为单纯的性行为。

在雌鱼排卵结束而且雄鱼完成鱼卵受精之后，雄鱼的行为会立即转回攻击行为；它会赶走雌鱼。这是因为两个因素的变化：首先，在排出精子之后，雄鱼的性冲动迅速下降，以至无法与依旧强烈的攻击冲动相竞争；其次，雌鱼在产卵之后，腹部不再隆起，因此也不再能提供激起雄鱼性反应的释放器。它现在主要提供的是攻击释放刺激。

社会结构发生的许多变化是学习过程的结果。这通常会使得社会联系更加具体；对行动者提供的刺激作出反应的反应者，会开始将自己对刺激的反应限制在特定个体身上。这种限制一般会通过适应来完成，这是一种相对简单的学习。银鸥父母会在几天的时间里适应幼鸟，并在此之后将所有的父母行为都限制在自己幼鸟身上，同时，对其他银鸥幼鸟，它们会变得漠不关心，甚至充满敌意。就像在第一章至第三章所描述的那样，这种个体关系出现在许多鸟类当中；我们还知道，这种关系在许多哺乳动物当中甚至扮演更重要的角色。很明显的是，如果动物只是对整个物种的信号刺激特征作出反应，则这种个体关系不会存在；显然，适应让动物对更多的刺激作出反应，这让它们有了区别不同个体的能力。这种区别能力时常敏锐得令人惊讶；比如，很多鸟类能一眼认出它们的配偶、幼鸟或社会成员，而最有这方面才能的人类也无法认出，或者至多勉强分辨出它们。人类的失败，部分源于缺乏训练；若是一个人与一群鹅或羊密切接触，他也能学会识别每个个体。然而，我从未听说过哪个人能做得像动物自身一样好。或许，每个物种都在区分本物种个体上表现最佳。无论如何，这种限制于特定个体的反应敏锐性表明，必定有某种本性十分微妙的刺激参与其中，它与动物天生就会回应的信号刺激形成强烈对比。

文献中存在一些零散的观察，对了解这类刺激的本性有些帮助。比如，我们知道，燕鸥和海鸥能够用声音和视觉来识别它们的配偶。通过声音来识别的现象，可以在这些物种的繁殖地观察到。正在孵育的鸟会时不时地睡着，躲在暗处观察这些打瞌睡的鸟儿是件十分吸引人的事情。举例来说，在普通燕鸥（*Sterna hirundo*）的栖息地，许多鸟儿会飞来飞去。燕鸥父母会轮流孵育，每次轮换大概相隔一个小时。在坐孵时，燕鸥大多数时间都自己待着。它通常不会消耗任何精力去关注路过的鸟，只是任由它们一边叫唤一边飞来飞去。然而，它会在配偶回来时立刻作出反应，并且，因为它正闭着眼，它必须对配偶的叫声作出反应。这种一天发生数次的迅速反应并不难观察。[92] 这种反应通常十分敏锐：配偶的叫声可能又远又模糊，并且在其他鸟儿的喧闹声中它几乎无法被听见，可是睡着的鸟儿会瞬间起身回应。

然而，有的鸟也可能从一大群陌生鸟里边认出自己沉默的配偶。在银鸥身上（我对这个物种的观察远比观察普通燕鸥时细致），我曾观察到，它在大概二十五码远的位置认出了配偶，并且我确定，当时声音没有起到任何作用。这种视觉识别很可能与面部表情相关，它取决于头部各个部分的比例，就像人类一样。人类观察者能够轻易察觉出动物面部表情的差异，并且，海因洛施的一项有趣观察指出，当鸟的脸部被隐藏时，它的配偶可能会识别失败：海因洛施有一次在柏林动物园看到一只天鹅攻击它的配偶，此时，它的配偶正将头埋在水下。当它的配偶将头露出水面时，它立刻停止了攻击。洛伦茨在他的灰雁身上也获得过相似的观察。[55]

要就这个问题进行实验十分困难，这很可能是因为动物会对太多的细节作出反应，以至于，一些对鸟类来说显然不可忽视的细节改变，足以使得识别结果保持不变。我们曾改变银鸥幼鸟的颜色以迷惑它的父母。我们用煤灰将一只银鸥幼鸟涂成黑色，这让它的父母吓了一跳，然而，银鸥父母仍然接受了这只幼鸟，或许是因为它们认出了幼鸟的声音。当我们尝试改变幼鸟头部的暗色块形状时，同样的事情也会发生。在一些初步测试之后，我们没有再进行这项工作。尽管这类测试会消耗大量的时间，但它们确实是值得做的。

可能需要在这里提及的是，企鹅发展出了另一种亲子关系。[74]阿德利企鹅（Adelie Penguins）的幼鸟（以及其他一些种类）会聚集成一个大群体，并且，据说企鹅父母会无差别地喂养幼鸟。这种"托儿所"系统（见89页照片9）被一些作者视为对寒冷气候的一种适应，因为聚在一起可以减少热量消耗。一些作者声称，白嘴端燕鸥（Sandwich Tern）拥有类似的托儿所系统。我个人的经验表明，尽管许多幼鸟会聚集成群，但通常它们会由自己的父母喂养，父母也都能识别自己的孩子。

个体之间的关系，还可能因为一个过程而变得更加明确具体，这种过程看起来和后天的条件作用不太一样。海因洛施曾公开了下面这段引人入胜的经验。他在孵化器里孵化了大量的小鹅。小鹅孵化后，他将小鹅从孵化箱取出，并将它们带到刚刚孵化了自己的幼鸟的一对鹅父母身边。令海因洛施惊讶的是，孵化器中孵化的小鹅并不与这对鹅父母来往，每次海因洛施将小鹅带给大鹅后，小鹅都会跑回他身边。显然，小鹅将他当成了"鹅妈妈"，而且完全无法认出自己的同类。他发现，如果小鹅在送给鹅父母之前没机会看见他，就不会出现上面的状况。后来，洛伦茨在小鹅以及几种不同的鸭子身上发现了同样的情况。显然，这些幼鸟必须通过学习来识别自己所属物种的样子，并且它们在很短的时间内完成学习。对鹅来说，这就是几秒钟的事情。这种奇妙的程序被称作"印记（imprinting）"；该程序的特征在于它所需要的时间，以及它无法被颠倒或取消这一事实（如洛伦茨所言）。倘若小鹅对一个人产生了依附，它就再也没办法把自己当成鹅了，无论强行让它与鹅生活多久。不过，现有的证据仍存在一些冲突，还需要进一步的研究。

　　当然，这并不意味着鹅对自己社会同伴的长相没有任何与生俱来的"知识"，或者，换句话说，它们还是会对父母提供的某些刺激有天生的反应。因为，它们会对人类或其他动物产生替代性的依附，但通常不会依附于植物或无生命物体；一个例外发生在一只生活在新地（the New Grounds）的蓝雪鹅（Blue Snow Gander）身上，它印记了自己的犬舍式鸟巢箱[81]。这些替代品必须提供给小鹅一些它所能回应的刺激。其中一项刺激是运动。洛伦茨和我曾做过一个实验以展示这一点，我们使用的是一只在箱内孵化的埃及鹅。我们将它放在一个关闭的盒子里，并带到一个空房间。我们都各自安静地坐在房间角落，然后将小埃及鹅放了出来，可是，它没有走向我们中的任何一个人，而是无助地站在房间中央，惊恐地喊叫着。当一只坐垫被牵引着从房间穿过时，幼鹅会跟在它后面，但是当垫子停止移动时，幼鹅立刻抛弃了它。法布里修斯（Fabricius）[21]用刚孵化的凤头潜鸭（Tufted Duck）和一些其他物种进行了大量此类实验。他发现，运动和叫声都是父母提供的刺激。虽然运动各不相同，但是身体上的四肢部分相对于其他部分的运动，对幼鸟来说是必要的。运动对幼鸭极其重要，它会十分乐意追随一只挥舞的手，而对于一只静止的凤头潜鸭标本，它丝毫不予理会。可以产生印记的时间，大约是孵化以后的三十六小时以内，不过，若幼鸟在十八个小时的隔离后才与寄养父母接触，那么印记就无法完全成功。

诺布尔在丽鱼身上发现过一种相似的过程。宝石鱼（*Hemichromis bimaculatus*）父母会对幼鱼产生印记。如第三章所描述，通过替换鱼卵，诺布尔使一对没经验的丽鱼父母印记了另一个物种的幼鱼；这对丽鱼会因此被教坏，并在未来的繁殖中永不接受本物种的幼鱼。

印记并不会产生对个体的识别，对鹅和鸭来说，个体的识别是后来才慢慢学会的。丽鱼父母没办法认出自己的每一条幼鱼——考虑到每一窝有数百条幼鱼，这个要求显然太高了。

可以确定的是，印记应得到更细致的研究；找出刚孵化的幼鸟会对何种刺激作出反应是个很有意思的事情。不仅如此，印记实际上有何种影响，以及为何许多案例里的印记都无法被遗忘或改变，这些问题同样有趣且值得研究。

对鹅印记人类的行为进行的研究，表明鹅的几种天生反应和后天学习会混合起来发生作用。比起野生的鹅对自己父母的跟随，印记了人类的小鹅跟随它们的人类父母时所保持的距离会远很多。这个距离取决于小鹅面对人类的角度。它们依据相同的角度与人或鹅保持距离，因为人比鹅要高得多，所以距离也会增加。当人类父母游泳时，露出水面的部分比鹅要低很多，相对地，小鹅会跟得很近。若是人类让头缓缓沉入水面，小鹅也会逐渐靠近，直至最终爬到人的头上。

洛伦茨的小鹅在能够飞行以后仍然与他保持着联系。尽管他并不能参与飞行，但他时不时会和小鹅们去周边的乡村旅行，彼此都会为对方的出现感到些许满足。它们有时会十分兴奋，并尽其所能飞奔到洛伦茨身边。洛伦茨偶然间发现，为什么鹅在接近他时没有野生鹅接近父母时那般兴奋。他曾在路上骑着自行车，并与飞翔的鹅保持同步。有一次，正当他抬头望向自己的鸟儿时，他不小心摔进了路边的草地。很快，小鹅兴奋地飞到他身边。从那以后，每当他快速奔跑然后展开双臂扑倒时，他总是能让自己的鹅兴奋起来，这个动作模仿了一只兴奋的鹅。对这种动作的反应必定是鹅天生具有的；即便对于它们印记的养父母，它们仍会期待这种释放器出现。

对父母形成条件反应的过程，不管是印记这种特殊形式，还是更一般的情况，都有另一个有趣的方面。若人工喂养一只幼年寒鸦，它便会对人类养父母产生依附。它会始终与人类相伴，并向他索要食物。当人养大的寒鸦开始飞行后，人的陪伴就不再能满足它了，它会与其他鸟儿一同活动，包括飞行。附近的野生寒鸦或乌鸦会成为它的飞行伙伴。当它达到性成熟时，不管与寒鸦在一起待过多久，它曾受到的教育会开始显露痕迹：它的求偶对象指向人。在交配季节后期，它的父母本能会觉醒，它会再一次选择幼年寒鸦，而不是人类的婴儿。因此，它的关注对象取决于何种本能被唤醒。一只在鸟类学界很有名的寒鸦，洛伦茨教授的"乔克（Jock）"，[57] 曾将它的养父视作亲生父母，将冠鸦（Hooded Crows）视为社会觅食伙伴，将一个小女孩当作自己的丈夫，将一只小寒鸦当作自己的孩子。

这些产生于反常条件下的奇怪关系，揭露了一些使社会组织形成的过程。这些关系表明，动物们以一种十分特殊的方式看待身边的环境，尤其是自己物种的同类成员。它们不会如我们所想的那样，先学会"我的同类长这个样子"，然后让所有社会活动都指向自己的同类；实际情况是，它们的行为模式中的不同部分，会对同伴给出的不同刺激作出反应。因为同类的每一成员都确实会提供这些刺激，所以，要弄清那些复杂反应的本性显得十分困难，它们是如此变化多端；但是，在反常条件下，它们的面纱得以揭开。

结论

正如读者们已察觉到的，关于社会结构究竟如何发展，我们的知识仍然十分零散，但是，有件事情已经比较明白：许多动物社会，依赖于数量少而且极为简单的几种关系。无论一个社群是由简单的身体－器官关系分化而来，还是由两个独立个体结合成一个组织，个体之间的关系（基于释放系统）总会在有需要的时候发挥作用，甚至在有迫切需要之前就已经准备好了。那些预先准备好的潜能，在它们开始运作之后，会产生各种各样的变化。这可能是深层冲动的强度变化，也可能是学习过程所导致的。其中，印记使动物对同类产生条件反应，而其他的学习过程则使它们对某个同类个体产生条件反应。

调节

在研究社会形成的方式时，人们通常会为社会与个体之间许多平行关系所震惊。它们都包含组成部分；个体由器官组成，社会由个体组成。对二者来说，各部分之间都存在劳动分工。它们的构成部分都在为整体的利益而合作，并且通过这种方式获得自己的利益。组成成员会给予也会接受。因此，它们会失去自己一部分"主权"和独自生存的能力。在主权丧失这一最极端的情况下，部分会为整体利益完全献出自己的生命。个体的皮肤细胞一直在不断地损耗；蜥蜴的尾巴为了身体其他部分的利益而留给捕食者，这样其他部分就可以活下来并再生。一只鸭子母亲即便牺牲自己也要保护它的孩子。对个体来说，部分从整体的获益显而易见；一块分离的肌肉无法存活多久。落单的蜜蜂工蜂和脱离群体的珊瑚虫也无法独自生存。即便在那些个体可以独自存活的案例里，它们也会失去群聚生活的许多好处，就如第三章所展现的那

样。器官脱离了个体之后，就会失去生存能力，这似乎与个
体之于群体的关系有较大差异。然而，这种差异只是程度
上的。有的个体被分成数个部分之后，仍能免于死亡；绦虫
（tape worms），真涡虫（Planarias）与海葵（sea anemones）
都并非"不可分割"。

　　通过比较个体和群体，可以引出一种将群体视为"超级
生物（superorganism）"[5]的观念，这个观念对社会学家大有
用处。当然，这个观念也不能推得太远，毕竟，生物体和群
体不能等同。不过，它能够帮助人们意识到，在这两种情况
里，我们的研究对象都在"持续经营"[5]，都展现出组织与
合作的问题。个体与群体的主要差异在于整合的层次；群体
的整合层次要比个体高出一级。

　　截至目前，我们一直在研究社群的正常运作。那么，在
一些反常的情况下又会发生什么？众所周知，在某些情况下，
个体会以适应性的方式应对反常条件。动物不仅能够在正常
条件下抵御各种破坏性影响，还能够处理特定的突发情况。
这通过所谓的调节（regulations）得以实现。当身体的一部分
受损时，若伤口不是很大，就会自行愈合。要是它无法愈合，
则会有其他的部分替代它的功能。有关这种非凡的能力，罗
素（E. S. Russell）曾给出许多案例。[78]某种意义上，这种调
节只是正常活动的扩展。

　　个体身体的某部分能够在受损后再生，这是通过细胞组

织的某种回归（regression）来完成的，它们会回归到一种类似胚胎细胞的状态；生长周期会重新开始。当身体受损部分的功能被另一些部分替代时，情况则有所不同：后者会扩展自己的正常活动，并实现它在正常条件下不会展现的潜能。

类似的调节也确实存在于社群当中。同样地，组成社会的个体可能会回归到一种初期状态，并开始一个新周期。在另一些情况下，反常条件可能会使个体去做一些正常条件下不会做的事情；它们可能会接手那些离群个体的任务。出于这个目的，社群里会有许多仅在突发情况下启用的备用机制。

鸟儿失去一窝蛋，它们通常会重新生一窝。它们并不是像什么都没发生过一样继续发育，孵育阶段也不会继续推进至照料幼体阶段（这不会给它们的物种带来任何贡献），相反，它们会经历一次深刻的改变。它们的精巢和卵巢会再次产生性细胞，交配重新开始，它们会求偶，筑巢，产卵。这种调节能力不是所有物种都一样，但大多数鸟类都拥有这种能力。

勒施（Roesch）[75] 在蜜蜂身上发现了这种"再生（regeneration）"现象的最佳案例。如第六章所描述的那样，在蜜蜂社会里，不同年龄组的工蜂之间有着严格的劳动分工。当其中一个年龄组被人为排除后，其他组会接替该组的工作，以保证超级生物体的运作。比如说，若所有采集花粉和花蜜的采集蜂都被移走（它们通常由出生了二十天以上的蜜蜂组成），那么，仅有六天大的，通常负责喂养幼虫的年轻蜜蜂会飞出去，成为采集蜂。如果所有负责建筑的工蜂都被移走（它们通常年龄在十八至二十天），则它们的工作会被年龄更大的蜜蜂接替，它们曾经是建筑工，而现在已成为采集蜂。要实现这种结果，它们不仅需要改变行为，还要让蜡腺再生。这种调节的机制尚不为人知。

肉食鸟类的雄性和雌性在喂养幼鸟时分担不同的任务。雄鸟捕猎，而雌鸟负责保护幼鸟。雄鸟带回的猎物会传递给雌鸟，雌鸟将其撕碎，并小块小块地喂给幼鸟。分工会一直持续，直到幼鸟慢慢成熟并能够完全独立地捕食。这种分工十分严格，以至于如果雌鸟在此期间死去，则幼鸟通常也难以保全。然而，人们也观察到，有一些案例表明，雄鸟在耽搁一段时间之后，会用雌鸟的方式来喂养幼鸟；但在正常条件下，这类行为从未被观察到。[90]

正常条件下一般不会出现的行为模式，会产生细微的调节；这些行为的调节，尽管总是处于预备状态，但经常被观察到。在第三章，我们曾描述过，雄性剑鸻可能会在雌鸟待在巢穴外时催促它回巢。有一次，我看到一只雄性麦头凤鸡努力将自己羽翼丰满的幼鸟从一只猫身边赶开，因为它们没有对警告声作出反应。很多鸣禽会对不张嘴的幼鸟作出特殊反应，在正常刺激不生效的时候，这能让它们张开嘴。

显然，要在正常和反常之间划出一条界线十分困难。在当前语境下，"正常"仅仅意味着"常被观察到"，反常则意味着很少被观察到；在它们之间，还存在着各种各样的居间情况。这适用于所有的"调节"，不管是个体还是社群。这再一次表明，调节不过是正常生命过程的扩展。就这个方面来讲，我们最好记住，正常的生命过程，和调节过程相比，并不更难或者更容易理解；后者不会产生完全脱离前者的问题。倘若我们认识到，正常条件下的合作可以被进一步分析，那么，同样的方法就也可以用于分析调节；生物体的备用机制与它日常使用的机制之间并没有根本的差异。

第八章

社会组织的进化

比较的方法

我们没有社会组织历史的档案记录；就那些已经消逝的动物行为来说，化石能告诉我们的东西非常少。虽然我们不能对社会组织的历史进行直接研究，然而，通过对当今物种的社会组织进行比较研究，我们可以获得一些知识。因为同样的目的，比较的方法在形态学（morphology）研究里使用得很广泛。在将它应用到社会行为之前，我先简单阐述下形态学如何应用这一方法。

比较的第一步是研究相似性和差异，并且，根据这些标准将动物分类为不同的种群，把相似的动物归为一个群体，把相似的群体归入更大的群体，如此等等。相似性一般被认为是亲缘关系的证据。在评估相似性的时候，常会遇到一个困难：两个物种或种群之间的相似性可能很浅表，因而产生

"假亲缘关系"。举个例子，乍看起来，鲸和鱼特别像。更仔细的探究则表明，这种似乎成立的相似性，其原因在于它们都有像鱼雷般的流线型身体，这个特征给我们产生了太深的印象。其实，它们在许多重要的方面都很不一样：包括骨骼、皮肤、鼻腔、繁殖等。在这些方面，鲸更像哺乳动物，而不是像鱼。因此，仅凭对特征数量的权衡，就可以认为鲸和哺乳动物有更紧密的关联，而不是鱼。古生物学已经证实了这个结论。

鲸之所以像鱼，是因为它们都使自己适应了相似的环境，都进化出相似的适应性流线型身体。进化出相似的适应性，这种趋同现象（convergence）在许多动物里都存在。趋同现象可以在一些平常的生命过程中找到，比如那些产生相同"结构"的生长发育过程，以及那些产生相同"功能"的生长发育过程；当然，结构和功能不过是"功能性结构"的两个方面。当把动物看作一个整体时，我们也可以发现趋同现象，比如鲸和鱼，蝙蝠和鸟，银鸥和暴风鹱（fulmar）。就动物的一些器官而言，我们也可以发现趋同现象，比如鼹鼠和蝼蛄的手都进化得适于挖掘，昆虫和哺乳动物的接触感受器，等等。在评估亲缘关系的时候，不应将趋同现象视为标准，真正的相似或者同源性（homology）才是其唯一的标准。

如果比较一个种群里的动物，会发现它们共享相同的行为模式。不同的物种，或者同一物种的某个群体，如果它们的行为与这个模式不同，就会被视为这个行为模式的一个分支。那些最符合这个一般行为模式的动物，至少就此行为模式而言，会被认为更接近它们的祖先。因此，就传播信息的途径来说，可以认为鲸鱼和蝙蝠进化出了专门的适应性，然而，就其他方面来说，它们不过就是一般的哺乳动物。

同一物种的不同群体，或者大群体里的不同小群体，可能朝着相同的方向进化，但是，某个群体可能比另一个群体进化得更快。这常常使得查明进化的趋向成为可能，只需要把物种群体根据其进化出的专门的适应性按照程度排序，从最为专门的群体、过渡群体到最不专门的群体。这个程序有许多要避开的陷阱。始终要记住，在一个动物群体里，倘若整体性地来看某只动物，往往很难认为它在适应的专门性上比其他动物要弱；它可能在某些方面弱些，但在另一些方面更强些。

社会系统的比较

在用比较方法来研究行为的时候，我们的运气显得更好些，因为自然系统表现出的亲缘关系可以告诉我们很多东西。比起三百年前的形态学研究，我们所处的位置要有利得多。比如，当我们发现乌贼和鱼求偶行为的社会组织非常相似时，我们并不会认为这证明了它们之间有真正的亲缘关系，因为形态学研究已经表明乌贼和鱼并不接近。某些形态上的相似性，比如"鳍"和眼睛，不过是趋同现象的产物，求偶模式的相似性也如此。

另一方面，如果对两种亲缘关系较近的物种的求偶模式加以比较，我们就可以放心地认为，它们的模式是很类似的。因此，若我们观察到，雄三刺鱼在跳"Z"字舞的时候是先引导雌鱼然后攻击它，十刺鱼是先攻击雌鱼然后再引导它，海刺鱼（Sea Stickleback；*Spinachia vulgaris*）则只是攻击但并不引导雌鱼，直到雌鱼变得主动，此时我们就必须假定，当前研究的乃是同一种行为模式的三种形式。倘若几个物种关系密切，其求偶模式却表现出极大差异，我们就有恰当理由去探究它们共同的进化根源。

以这种视角来系统研究行为的工作还很少。不过，社会行为提供了一个很好的机会。因为生殖隔离的需要，它会附带地产生行为的多样性。这意味着，关系紧密的物种，其社会组织也会迅速产生差异，因而提供一个宽广的现象谱系；对这些邻近种群作出比较相对容易，因为它们的同源性已经确定。

正如形态学研究，比较方法也可以在不同的层次进行：比较可以在将整个种群视为一个整体的层次上进行；也可以比较更小一些的系统，如求偶模式；还可以比较系统中的某个单一的因素，比如行为的释放器（releaser）。当然，在每一个层次，都需要获得足够的证据以保证能推出结论。

在比较各种蜂的社会系统时，我们发现，绝大多数种类的蜂都是独自生活的，蜜蜂（以及两种近亲）是一个例外——成千上万只蜜蜂相互合作形成复杂的"王国"。因为蜜蜂群体的社会条件显然是个例外，我们就得出结论，蜂在起源之初乃是独居的。正如第七章关于群体的讨论所云，对于蜂来讲，存在不同程度的社会，因此，可以将它们的某些情况视为中间过渡形态。通过比较独居、过渡形态以及高度复杂的社会组织，正如我们在第七章的讨论所提到的那样，可以认为：社会组织是从由母亲及其后代构成的家庭进化而来的，首先形成的是母亲和孩子之间的组织，然后产生彼此的劳动分工和更为复杂的合作。

蚂蚁对当前的讨论最有帮助，因为没有独居的蚂蚁。白蚁（termite）也从来不会独处。将蚂蚁和白蚁加以比较，可以发现趋同现象的一个有趣例子。白蚁社会组织产生的源泉不同于蚂蚁和蜜蜂，因为白蚁群体所有的社会等级里都有雄性白蚁；它们的王国是从由雄性、雌性以及后代构成的家庭演化而来的。已经为人所知的是，蚂蚁和白蚁之间有很多细节上的相似，比如，二者的社会组织里都有"战士"（图64和65）。

考虑社会组织的部分，而不是它的整体，我们同样可以发现同源性和趋同现象。求偶模式尤其突出。在那些有良好

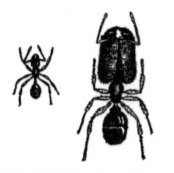 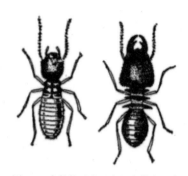

图64　蚂蚁的工人（左）和战士（右）　　图65　白蚁的工人（左）和战士（右）

视觉的动物群体里，我们常常能发现性别二态性，雄性展示惹人注目的颜色模式，或者表演特殊的广告性质的仪式动作。雄招潮蟹（Fiddler Crabs；图66）、[16, 112] 雄乌贼、雄斗鱼（Fighting Fish；*Betta splendens*）、[52] 雄蜥蜴和雄鸟都有这样的行为。它们都会用显眼的颜色威胁其他雄性，后者潜在的矛盾反应——它们要么争斗，要么去追求群体里别的成员——会被雌性的特殊反应带入纯粹的性反应。有一些物种主要是攻击反应，比如斗鱼和鸽子；有一些物种主要是性反应，仅在竞争对手的刺激下才会争斗，比如乌贼和番鸭（Muscovy Duck）。有一些鸟类，发展出了独特的"勒克"系统（lek system），比如流苏鹬和黑琴鸡（*Lyrurus tetrix*），[46] 许多色彩艳丽的雄鸟集中在一块公共的求偶区域，或者形成橄榄球赛里的勒克阵型，雌鸟则纯粹出于交配的目的赶过来；在这两类动物里，雄鸟都不会和雌鸟一起分担养育义务，雄

图 66　雄招潮蟹的展示

鸟和雌鸟个体之间也没有私人的感情纽带。

在同一个属里，也常常可以追溯同源性。初看起来，银鸥和黑头鸥形成配偶的行为很是不同。银鸥是在"俱乐部"或者社交集会场所形成配偶，黑头鸥则是在一个准备性的领地里。没有配偶的黑头鸥，对任何陌生同类都展示强烈的攻击性，不管它是雄性还是雌性；还没有配偶的银鸥，会攻击其他雄性，对雌性则没什么攻击性。黑头鸥有一种空中展示行为，银鸥则没有。新结合的黑头鸥配偶会飞开去寻觅另一个哺育领地，而新结合的银鸥配偶则是走着离开"俱乐部"，然后就在不远的地方找一个哺育领地。在一些细节上，也有比较大的差异：威胁的姿势不同，银鸥采取直立威胁姿势，黑头鸥则是"前进"展示。安抚的姿势也不同：银鸥采取顺从姿态，黑头鸥则是"摇头"。

对两个物种形成配偶的模式进行仔细分析可以发现，它们采取的是同样的计划：雌性走近雄性，通过展示与威胁姿态相反的行为来安抚它们；在结成配偶之后，它们就会一起选择一个固定的领地。差异主要和两个因素有关：（1）黑头鸥体型较小，比起体型较大的银鸥来说，会更加倚重飞行；这解释了为什么黑头鸥有飞行展示，而银鸥没有，解释了它们威胁姿势的差异（直立威胁姿势主要针对地面的对手，而向前的威胁展示针对的对手既可能是地面的，也可能是空中的），也解释了它们离开社交场所去寻找固定领地的一些差异；（2）黑头鸥的威胁姿势主要是展示褐色的脸部，这也解释了它们何以会发展出摇头的安抚仪式。

关于这些事情，我们的知识仍然是碎片化的，完全不足以重构出这些行为类型发展的历史过程。

释放器的比较

在一个更低的层次，即单个信号的层次，我们知道的东西相对多一些。同样的，在这个层次，也不难发现同源性和趋同现象。求偶雄鸭用喙理毛的替代性动作，不管种群之间有何种差异，都定然总是同一件事情。鸣禽的歌声，尽管因为生殖隔离的需要而彼此区别，但本质上是物种同源的，正如它们所利用的相同工具——鸣管（syrinx）。趋同现象的例子包括鱼的正面展示，它们利用竖起的鳃盖，以及流苏鹬和家鸡等鸟类，它们用颈部的羽毛形成色彩艳丽的扇形装饰或项圈。

对同源的释放器进行比较，会获得一些关于它们的起源和进化的有趣结论。

迄今为止，人们已经发现两种信号动作的来源。一种是意向动作（intention movement）。当鸭子或鹅想要飞起的时候，它们的动机是逐步增强的。较低的动机产生一些初期动作。全身的羽毛向身体收紧，接着头开始不断移动，这是起飞的最低程度的动机。随着动机增强，头的快速移动变得更强烈，身体其他一些部位也参与活动：翅膀做好了飞翔的准备，身体可能向前微屈。这种低强度的意向动作，会成为释放器，刺激同伴作出行动。

在一些动机非常强的情况里，动物也可能做出意向动作。银鸥的直立威胁姿势当然意味着很强的攻击倾向。它并不总是发展成真正的攻击，因为它同时还受到逃跑或撤退倾向的抑制。那些动机被抑制了的意向动作，在某些情况里也会成为信号动作。

替代活动是释放器的第二个来源。银鸥的扯草，三刺鱼挖沙的替代动作，三刺鱼指示巢的入口（替代性扇水）都是很好的例子，它们都是释放对手或性伴侣的某种反应的信号。

很难弄清楚，别的个体究竟是怎样开始"理解"这些动作的。这个问题的关键在于信号接收者对信号的反应性是如何起源的，而不是信号动作本身的起源。意向动作的问题与动物对外部刺激的反应性究竟如何起源的问题，处在同样的层级。乌鸦何以会对另一只乌鸦的意向动作做出反应？这个问题正如乌鸦何以会对一条蚯蚓、一只雀鹰做出反应一样的神秘。

为什么一只银鸥将收集筑巢材料的替代动作（即扯草）"理解"为攻击性的，因而不会做出跑到筑巢位置的反应，这是另一个层级的问题。我相信，有两个理由支持我们将它解释为攻击行为。首先，扯草代替了真正的攻击行为。其次，如我们已经看到的那样，扯草动作和真正的收集筑巢材料的动作有区别：银鸥会愤怒地啄面前的草或苔藓，并使劲扯它。这些动作是争斗模式的一部分，它威胁着面前的植物，仿佛它们是自己的对手。

一旦个体对一个信号动作的反应性建立起来，信号动作的进一步发展就是行动者和反应者双方的事情。对双方来说，一种新的适应性进化过程开始了。比较研究已经揭示了这个过程的许多方面。[17] 替代性的梳理羽毛的动作，是一种在许多雄鸭的求偶过程中起重要作用的信号动作，它与真正的梳理羽毛的动作有些区别。在有一些物种里，真正的理毛动作和替代性的理毛动作差异特别小，以至于很难将替代动作识别出来。基于拍摄的影片，洛伦茨[56] 对一些动物的替代性理毛动作作了精确的描述和阐释（图67）。绿头鸭是相对初级的案例。雄鸭将它的嘴巴放到翅膀后面，很像一般性的理毛动作，尽管替代性的理毛动作更为模式化。龙尾鸭（The Mandarin Drake）有一种特殊的动作：它熟练地用嘴触碰次级飞羽的一根翎毛。这根翎毛不是像其他次级飞羽一样的深绿色羽毛，它外围的翎发育出了像一面大旗一样的结构，它有着鲜艳的亮黄色，而不是绿色。白眉鸭（The Garganey Drake）也有一种不同的动作。它不是触碰翅膀的内侧，而是翅膀的外侧，恰好就是覆羽变成明亮的灰蓝色的那个位置。对于白眉鸭和龙尾鸭来说，它们显然都发展出了特别引人注目的结构，而它们的动作就是要把注意力引向这个结构。整个发展使得动作更加显眼，也更加程式化；它变成了一种"仪式"。同时，不同种属之间的差异也产生多样性：它们变得越来越明确，变得有具体的信号含义。抓住信号，并使它们更为显眼、更为具体的进化过程，就是所谓的"仪式化"。

迄今为止，所有已知的证据都指向这一结论，信号动作起初原本是没有信号功能的动作；在一定意义上，它们是神经组织的副产品。在它们获得信号功能之后，一种新的进化适应性——仪式化行为——就形成了，它会导致动作发生一些变化，以及形态结构同时发生一些变化。

仪式化动作的适应性体现在两个方面。仪式化的释放器通常有两个特征：显眼并且简单。这是对天生行为的反应限制的适应。每一个天生行为的释放都依赖于具体的刺激；对

图 67　求偶雄鸭的替代理毛动作
（1. 翘鼻麻鸭；2. 白眉鸭；3. 龙尾鸭；4. 绿头鸭）

所需刺激的许多案例研究已经表明，这些刺激常常相对简单而且显眼。首先，仪式化倾向于使释放器专门化，以突出其中的"信号刺激"；在一定意义上，释放器就是物理上实现了的"信号刺激"。其次，仪式化倾向于使一个释放器区别于其他释放器，不管是在物种内部，还是与其他物种比较，情况都是如此。因而，这既促进物种内部的社会合作，也减少对其他物种的行为作出反应的概率。

意向动作和仪式化的替代性动作，看起来遵循同样的路线。这两类行为，有时候重点在于动物的动作，有时候在于结构。这类动作一个最常见的变化是它们的"模式化"，这意味着动作的某个构成部分会变得更为夸张，而另一些构成部分则逐渐隐退甚至消除。一些鸭属动物的求偶动作就是如此。比如，"身体缩短"的动作原本要举起头和尾巴。但是，白眉鸭强调头向后移的动作，尾巴向前摆的动作则完全消失了。智利野鸭的头部动作也不太一样；它们特别强调胸部的动作，尾巴也不参与活动。针尾鸭的头和尾巴都会参与活动，尾部的活动包括颜色丰富的三角形尾巴基部，还有它们长长的尾巴。

从生理学上讲，仪式化的这些方面（以及其他方面）可以理解为是动作各个构成部分的阈值发生了量变。对这些问题的完整讨论超出了本书的范围。不过，我仍然想指出，关于释放器的进化的研究，对"新"行为因素的起源与进化的研究有特别重要的蕴涵，因为意向动作或替代动作的仪式化确实会产生新的行为动作。然而，在这里不能进一步讨论了。

结论

至今为止，对释放器的起源和进化的研究，特别是那些在求偶和威胁中起作用的释放器，越来越清楚地表明，它们原本是一些偶然的副产品，是神经激发以意向动作或者替代动作的渠道表现出来。在绝大多数情况下，当正常渠道被同时激活的对抗冲动抑止了的时候，这些渠道就会出现。对那些"被抑制的意向动作"，那些有威胁作用的替代动作，以及求偶过程中的许多替代动作来说，情况也是如此。这也给另一个问题提供了解释线索，即展示的行为何以在求偶和威胁活动中如此普遍。对求偶行为而言，性冲动可能是动机的主要构成要素，但攻击性和逃避的倾向也都起到某种作用。在威胁动作中，[103] 攻击性和逃跑的倾向则彼此冲突。我们已经看到，攻击性和性行为对于物种的维系都是必要的，两者都不可或缺。因为天生行为会对简单的信号刺激做出反应，而且，因为作为同物种成员的雌性，总是不自禁地释放能激发攻击的信号刺激，以及激发性反应的信号刺激，所以，一只走近的雌性动物，总是会给雄性产生攻击和性反应的双重刺激。如果雄性的攻击性弱一点，它就能对雌性表现出纯粹的性反应，但因而，它就很难在与其他雄性争斗的时候取得成功。如果它的性冲动很强烈，这就不仅会克服它对雌性的攻击性，同时也会克服它的其他一些冲动，比如逃避捕猎者的冲动。如果它的逃跑冲动比较弱，这会使它成为一个成功的斗士，但也容易使它不能明智地避开捕食者。对于任何动物来说，这些冲动都维持着一种平衡。威胁和求偶就是这种平衡的结果；通过仪式化，这些行为在不同环境里尽可能地发挥它们的作用。

第九章

对动物社会学研究的一些建议

　　瞄一眼参考文献里的名字，就可以发现，动物社会学的许多贡献来自"业余爱好者"。像塞卢斯（Selous），霍华德（Howard），波迪尔吉（Portielje），他们就为这个领域的发展作出了卓越贡献，但他们都不是职业动物学家。难以否认的一个事实是，职业的动物学研究早就抛弃了动物社会学；动物社会学的早期工作，要么是业余爱好者完成的，要么是完全没有相关训练的动物学家做的。作为动物社会学家的海因洛施和赫胥黎两人，在写他们的先驱性作品时都靠自学成才。正是因为他们的工作，以及洛伦茨和其团队的后续研究，动物学家关于这个领域的兴趣才开始快速增长。这进一步促进了研究的进展：新概念和术语不断增加，文献的数量也大幅度增加。情况当然鼓舞人心，不过，这也产生一个不利的问题：它使得研究越来越被职业专家垄断。许多业余爱好者觉得，他们再也跟不上步伐，更不用说作出新的、原创性的贡献。我不认为这种悲观情绪有什么道理。我相信，不那么职业化的业余爱好者仍然可以为这个领域做出贡献，因为缺乏专业化的训练虽有某些短处，但也有一些长处。从专业化的训练当然可以获得知识和思想的规训，但它也常常倾向于扼杀富于原创性的观点。业余爱好者在考虑某些问题的时候，往往会带来新鲜的观念，这些观念有可能产生深远的影响。对想着手做点工作的人来说，最后的这一章或许有些启发。

显然，这个领域里最好的贡献，都来自那些花了许多年头去耐心、仔细观察某个物种的人。对多个物种进行比较也特别重要，不管这些物种间的关系是不是特别紧密，但进行比较的一个前提条件是需要具备关于某个物种的丰富知识。

广泛观察（comprehensive observation）的进路怎么强调都不过分。许多人，特别是初学者，有一个自然倾向，即集中于一个孤立的问题，试图彻底地弄明白它。这种值得赞赏的倾向需要加以约束，不然，就会导向一个割裂的、孤立的，并且充斥着偏见的结果，或者只不过是社会奇异事件的堆砌。要真正弄明白某个问题，需要对现象所处的系统做全局的描述性观察；对于想将分析思维和综合思维结合起来的平衡进路而言，这也是唯一的保护措施。诚然，不仅仅社会学应该如此，所有的科学研究都应该如此。然而，与其他科学相比，动物行为学和社会学似乎更容易忘记这一点。

因为广泛观察的进路极其重要，我对它作点更进一步的阐述。曾经，有个满怀热忱的国外学生到我这里访问，想接受社会学研究的训练。他刚到我这里的时候，心里装着一个很特别的问题：他想掌握对释放问题进行实验研究的方法和技术。我劝他，最好先从对一个物种进行广泛观察开始，我的劝说是徒劳的，然后我就由他自己去探索了。他从数数开始，数占有领地的雄三刺鱼咬一个红色模型的次数，把它与这条鱼咬另一个银色模型的次数相比较。他的结果看起来和我们以前做过的工作有分歧：红色模型被咬的次数只比银色模型被咬的次数多一点点。重做实验的时候发现，除了咬以外，鱼还表现了另外几种表达敌意的信号（比如竖起背鳍，发动初期攻击），红色模型激发的这些信号比起银色模型激发的信号要多得多。因为跳过了对攻击行为的观察性研究，他未能识别并解释这些表达敌意的活动。然后，他回过头重新观察，几天以后，他继续做实验，得到了非常明确的数据。

替代活动提供了另一个例子。如果没有关于两种行为模式的观察知识（以替代活动作为出口的行为冲动起作用的模式以及它所"借用"的替代活动的模式），就很难理解一种替代活动，也看不到它和两种行为冲动相联系的本质。

我在前边提到过，黑头鸥的摇头乃是一种安抚的姿势；要理解黑头鸥的这一行为，先得要知道它的另一种行为，即头向前伸的威胁姿势。除非争斗行为和求偶行为都得到研究，否则，观察者就很难理解摇头行为。而且，对威胁行为的忽视，会妨碍人们意识到另一个重要事实——求偶总是混杂着攻击的倾向。

雌瓣蹼鹬在即将下蛋时，会用歌声引诱雄鸟追随它进入鸟巢。如果事先不知道雌鸟会在繁殖季节前期用这种小声的叫唤吸引没有配偶的雄鸟进入它的领地，就很难理解这种行为；而且，如果事先不知道瓣蹼鹬乃是雄鸟独自孵蛋，因而必须要知道雌鸟把蛋下在哪里，也就很难理解这种专为下蛋准备的庆祝欢呼。当你知道瓣蹼鹬这个物种的羽毛特征以及雌雄性各自的角色职责都和别的鸟类相反之后，事情就变得可以理解了。

这只是几个例子。尽管总是需要相当的克制力，才能在处理某个具体问题前先坚持进行广泛的观察性侦查，而且，尽管侦查可能很长时间都不会产生特别明晰的结果，但坚持不懈总有回报，慢慢地，事情就会变得"可以理解"，有趣的问题会不断出现，而且也会发现问题之间的紧密关联。

重复观察也特别重要。社会行为总是涉及许多方面，想一下子就看到全部是根本不可能的。你必须总是既要注意到行动的一方，也要注意到作出反应的另一方，而且，还要留意附近的别的个体。如果只观察一次的话，哪怕是一个个体的行为，我们都很难准确把握，更不用说与这个行为同时发生的其他事情。通过观察、记录、描绘、反思那些自己拿不准的地方，然后继续观察，一步步地使你的描述更为完整，只有这样，你才有可能取得所期望的准确性和完整性。我曾数百次地观察三刺鱼的求偶行为（我这么说可一点都没夸张），我仍然还能发现一些新细节，有些细节还有助于我们更好地理解动物行为的基础问题。影片对于观察很有帮助。对一个事件的影片纪录，可能具有和数小时甚或数天观察同等的价值。

有很多田野观察的工作，需要和野生动物待在一起才能完成。这么做的一个好处是，动物处在它们适意的环境里（监禁的环境很难模仿它的某些方面），身体健康，不需要照料；大自然会照料它们。我们只需要藏起来，就能克服动物的害羞给观察带来的不便。田野观察已经产生的有趣结果，主要集中于鸟类和昆虫。此书提到的鸟类知识，都是通过田野观察获得的：麦肯克（Makkink）的反嘴鹬研究，柯特兰德（Kortlandt）的鸬鹚研究，莱文（Laven）的环颈鸻研究，莱克（Lack）的知更鸟研究，以及我自己对银鸥的观察，这些成果（还有其他许许多多）都是基于田野观察。此类研究的设备很简单。双筒望远镜肯定必不可少。为了持续观察，还需要给它装上带调节云台的三脚架。在观察一小时或更久之后，你的手会不可避免地颤抖，而在此前，你的望远镜就已经会随着脉搏的跳动而抖动；如果固定你的望远镜，就不会出现这些问题，因此能看到更多的东西，那种感觉很奇妙。如果你没有三脚架，也可以把望远镜放在石头上、门上或者一棵树上，并在它的上面放一块石头。

田野观察者的第二个必要装备，是用来标记个体的物件。如果不对它们做出标记的话，你当然也有区分它们的办法，比如根据它们羽毛的特点、一条受了伤的腿，或者不太正常的体型等等。这些动物之所以能被识别出来，是因为它们表现出轻微的异常，然而要注意，正因为有某种异常，它们也可能表现出区别于其他个体的异常行为。对迁徙的研究常常使用标有数字的铝环。不过，铝环上的数字常常太小了，在较远的距离可能会认不出来。对大型禽类，比如鹳，铝环上的数字会比较大，借助望远镜，在野外也能识别。对于体型较小的鸟，给铝环涂上颜色是一个解决问题的办法。通过五或六种颜色的组合，可以把一大群鸟的个体都标记出来。你给鸟的每条腿装上两个或三个小环，这完全没什么问题；当然，也取决于鸟的种类。我做好标记的一些银鸥，每次起飞的时候都会发出悦耳的叮当声，但它们看起来完全不在意，也正常生活了多年。

对某些观察来说，特别是拍照和拍摄影片，遮掩是很必要的。我使用长宽各约四步的可折叠帆布帐篷，它有一个金属骨架。帐篷只需要几分钟就可以立好，便于携带，也能抵抗强风。在观察窗口，我建议用一些植物做点伪装。日光下不规则的树叶，会对观察窗口的黑洞形成遮盖。然后，观察者就可以在里面自由活动，而不会被动物注意到。对帐篷这样的藏身之

处来说，有一点需要注意：你不能同时把两边的窗户都打开，
因为鸟可能会从你背后的窗户看到你移动的身影。

　　然而，还有许多观察工作，找个视线良好的地方坐下来
就很棒了，这样就可以更好地观察四周。很多时候，观察鸟
类如何对周围环境做出反应与观察它们会如何自发地行动同
样重要。你需要与它们保持足够的距离，使得它们并不介意
你的在场。当这些鸟类习惯了你的在场之后，这个距离常常
会变得非常近；只要你保持安静，这种情况很快就会发生。
当它们给予你的关注并不比给一头牛的关注更多，你就获得
了鸟类观察者的理想的位置。

　　要观察鸟类的话，需要起得很早。绝大多数鸟类，在太
阳升起的时候活动最为频繁，特别是繁殖行为。另一个相对
频繁的时候是晚上。最好在太阳升起前的一小时到达目的地，
然后一直待到太阳升起后的三或四个小时，这时候，它们的
活动已经减弱。一旦你习惯了早早地到达，你就会更喜欢早
到，而不是等太阳已爬得很高了才赶到，因为那时候露水已
经蒸发，野地变得干燥、灰暗、乏味得很。另外，你越经常
及时对闹钟做出反应，事情就会变得越容易。

　　昆虫也可以进行田野研究。在许多方面，它们甚至是比鸟
类更好的观察对象。它们比较不那么害羞，而且，它们活动最
频繁的时候也不是清晨的那几个小时，因此，哪怕日复一日的
持续研究也不会那么劳累。精力充沛的人，甚至可以先由观察

鸟类开始自己的一天，然后在上午 9 点左右转向昆虫。

伟大的法国博物学家法布尔已经表明，仅用眼睛来看就可以发现许多有趣的事。他的工作，不管相对他所处的时代来说价值多么巨大，以当代的眼光来看，已经显得不够精确。一个可以表明这类观察结果的当代研究，是贝朗茨（Baerends）对安德里安塞泥蜂（the Digger Wasp；*Ammophila adriaansei*）行为的研究。在这个物种里，他观察到雌泥蜂和它的后代之间非常复杂的关系。每只泥蜂幼虫都孤独地生活在一个地穴里，母亲用瘫痪的毛虫来喂养它。贝朗茨不仅观察了正常行为的各种细节，对地穴和个体进行标记，他还开展了广泛的实验。比如，他发现，每只雌泥蜂可以同时照料两个或三个地穴，地穴里的幼虫处在不同的发育阶段，它清楚地知道哪个地穴里的幼虫需要提供新食物了。贝朗茨用塑料地穴代替真正的地穴（这样他就能随时打开想要观察的地穴），将在里面生活的小家伙和其他内容也加以改变。用这种办法，他就能表明，地穴里的东西会如何影响雌泥蜂的行为，比如，剩余的食物的数量，幼虫的年龄，等等。

昆虫提供了范围非常宽广的研究领域。贝朗茨的研究展示了泥蜂是一种多么让人惊叹的生物。蝴蝶的研究还只是光明前景的开始；鳟眼蝶的研究已经满足了我们的各种期待。蜻蜓是另一个有趣的群体。以美丽的阔翅豆娘（*Calopteryx virgo*）为例，它们发展出的配偶行为模式，特别像一些鸟类和鱼类：雄性会捍卫自己的领地，驱赶别的雄性；并且，它们有独特的求偶仪式，这种仪式完全基于视觉刺激。蚱蜢和蝗虫发展出了一种不同类型的社会关系，正如雅各布[35a]、杜伊姆和范·奥恩[20]的工作所表明的那样。其他一些动物群体的研究，既有的工作包括对哺乳动物的研究[10a, 10b, 11a, 78a, 89]，对蜥蜴的研究[38, 42, 66]以及对蜘蛛的研究[16a, 16b]，尽管它们的广泛程度还不如鸟类研究，但已足以进行有趣的比较，这些动物群体显然值得我们更加重视。

动物园是进行社会学研究的另一个重要场所。在动物园里，可以进行近距离观察，而且，因为或多或少异于正常环境，你容易观察到偏离正常过程的一些行为，它们对于理解自然行为有特别重要的价值。另外，它也为观察比较外来物种的行为提供了便利，可以扩展田野观察的范围。海因洛施在柏林，波迪尔吉在阿姆斯特丹，他们都做了许多先驱性工作，发表了一系列研究成果，表明动物园对社会学研究具有重要价值。现在，动物园对行为研究的重要性已经得到广泛承认：例如，在瑞士，贝尔动物园（The Bale zoos）和伯尔尼动物园（the Berne zoos）都是由行为研究的专家主管。

对我们的目的来说，一种特殊也特别有用的动物园是水族箱。它之所以特别有用，是因为这是最便宜的为动物创造自然环境的办法，几乎人人都办得到。事实上，一旦你拥有一个哪怕最小尺寸的水族箱（比如，18 × 12 × 12 英寸），你就可以毫不费力地观察到此书提到的三刺鱼或十刺鱼的种种行为（也许还可以看到更多东西）。当然，你需要在早春的时候费点力气去抓鱼，然后每天要去挖点蚯蚓喂它们。但这就是全部工作。许多本地鱼类还没有得到充分研究；各种蝾螈同样也值得作深入研究。从淡水鱼缸到海水水族箱只有一步之遥，只需要多花一点点钱，就可以装好一个热带鱼水族箱，然后就可以研究各种进口的热带物种。在实践上，水族箱能为你的研究提供广阔的场所。许多鱼发展出了很特别的视觉释放器（visual releaser）系统，它们有迅速改变体色的能力，有时候甚至比观察鸟类的类似行为还来得有趣。

洛伦茨建立了一种特殊的动物园。他把相当数量的动物养在半关押的环境里。在一定范围内（实际上范围非常宽），动物可以自由活动；通过亲自饲养，他和动物建立了紧密的社会关系。许多物种几乎把他视为群体里的一个成员；它们向他示好或者试图同他争斗，当整个群体想要迁移的时候，它们甚至想要他加入队伍。这为研究提供了很独特的机会，洛伦茨也最大程度地利用了这个机会，他日复一日地和他的动物们待在一起。对任何有冲动想要开展类似研究的人，我提醒一句，要是没有征得家庭主妇的同意，它绝对不可能实施。

在观察工作完成之后，一定要进行实验研究。实验研究常常也能在野外开展。从观察到实验的转变，最好逐渐地进行。对因果关系的研究，最好先从利用"自然实验"开始。

事情在自然状态下发生的条件也有很大的差异，将这些自然条件的差异加以比较，其结果常常有实验的价值，不过，仍需施以关键性的实验检验加以提炼。比如，海因洛施观察到，天鹅把头放低到水面下的时候，它的伴侣会攻击它，这意味着，天鹅是通过头部的特征来识别彼此；这为更进一步的精确实验提供了基础。雄刺鱼引导雌鱼到巢边，一旦雌鱼产完卵，就会把它赶走。这个事实也许意味着，雌鱼产卵前鼓胀的腹部和雄鱼求偶行为的释放有某种关系。我曾多次观察到，雌瓣蹼鹬（phalaropes）会向经过的环颈鸻（Ringed Plovers）、拉普兰铁爪鹀（Lapland Longspurs）、紫鹬（Purple Sandpipers）求偶，但从来不向雪鹀鸟（Snow Buntings）作出反应（在这几种鸟里，只有雪鹀鸟的翅膀上有两块打眼的白色）；这也许意味着，任何一只有着和瓣蹼鹬相近的灰暗的颜色模式的鸟，都可能刺激瓣蹼鹬释放它的求偶行为。在一天里，一个田野观察者可能会遇到许多这样的自然实验，对它们进行系统观察，可以发现真正的实验应该执行的程序。尽管实验模型的形态特征，比如颜色或形状，可以很容易地进行模仿或改变，但研究对象的活动却很难模仿，各种类型的活动产生影响的证据几乎都是基于一系列"自然实验"。

圈养动物比野外自由生活的动物更适合做实验，因为它们不能从实验中逃跑（哪怕它们很想逃）。但这可能意味着一定的危险，它容易诱使实验者过分地对它进行实验。在很多方面，实验都是一项精细活。首先，动物要有恰当的"情绪"。如果一只小银鸥刚刚接受了成年银鸥的危险警告，或者它已经吃饱了，那么，你将一个成年银鸥模型的嘴尖对着它，就没什么效果。逃避反应是最明显的导致它们不安的因素，要激起它们的逃跑倾向也特别容易。在一些很明晰的情况里，这类行为倾向很容易判断，因为有公开的逃跑行为。哪怕最低程度地唤起它们的逃跑冲动，都会对别的行为造成抑制的效果。对一个物种而言，要识别出它们因克制恐惧而表露出的轻微信号，需要敏锐的观察和一定程度的实验。这并不令人惊讶，我们只需要意识到，许多人甚至常常不能恰当地领会他人很明显的脸部表情，而要识别出和我们不同类的物种的面部表情当然更困难些。

　　每一个实验都需要重复一定次数，以消除那些实验者所不能控制的因素的影响。因为便利的原因，人们可能倾向于在多个实验中使用同一个个体，而不是每次实验都换一个新的个体。不过，这么做的时候，必须要保证实验动物在一系列实验中没有发生重要的改变。引起改变的一个常见原因，是实验涉及的行为冲动已经衰退，从而使得行为反应也逐渐减退。在实验之间的间隔很短的情况下，这种情况常常发生。另一个原因是学习。年幼的银鸥鸟，如果不断地用银鸥头模型去刺激它，它不断作出反应但却得不到食物，逐渐地，它就会对刺激条件作出消极反应，反应的次数越来越少。用硬纸板做成猛禽模型向鹅展示（将它飞过鹅的头顶），鹅会对实验装置形成积极反应，以至于一看见实验者为了准备下一次实验爬到树上去系模型，它就会发出警报的叫声。

这促使我们走向必要的实验控制。每一个实验都是对两种情景的效果的比较，两种情景的区别就是实验者想要研究的某个会产生影响的因素。比如，设若你想知道蛋的哪些刺激会释放孵化行为而哪些刺激不会，如果仅仅表明鸟会接受一个不正常的蛋就还不充分。必须将鸟对不正常的蛋作出的反应与对正常的蛋作的反应进行比较；如果反应有强烈程度或者类型上的差异，这就意味着两个蛋的区别包含影响鸟的反应的因素。在没有控制实验的情况下，用一个不正常的蛋做的一个实验仅足以表明，那个不正常的蛋含有影响孵化行为的刺激，但它并不能表明，不正常的蛋提供了所有的刺激。这道理说起来似乎人人都懂，我之所以还要强调，是因为有些发表在优秀期刊上的研究竟然也有这个缺点。

要警惕的陷阱大概就这么多吧。我也只能给出些一般性的建议。要避免这里提到的错误，办法多种多样；要承认，有时候也需要洞察力才能意识到错误，并从错误中学习。一个重要的技巧是，要在动物的正常生活中恰当地插入实验，而并不扰乱动物的正常生活；不管一个实验结果对我们来说多么激动人心，它都必然只是动物的日常生活的一部分。对这类工作缺乏感觉的人，必然会做出种种冒犯的举止，就像一些冒失的家伙，走进布置了各种精美家具的房间，不免会踢坏一些家具而不自知。

发表工作结果是研究的重要构成部分。好的贡献很受动物学期刊欢迎。国际期刊《行为》（*Behaviour*）或许是最合适的渠道。关于鸟类的工作常常发表在鸟类学杂志，《鹮》（*Ibis*）显然特别适合英国的研究者。语言的简单和直截了当特别重要；对读者如此，对作者同样如此。把一个研究写下来，常常既能帮助作者整理自己的思想，也利于更清楚地看出问题。对这类研究的发表而言，插图几乎是最重要的一个要素。想通过对各种行为模式的细节进行详细描述，让读者获得如同看到实际过程的视觉化效果，这几乎是不可能的。一张普通的绘图或者照片，其价值常常十倍于两页纸的精确而冗长的描写。在作田野观察的时候，观察者可以先勾勒出草图，然后不断加以修正完善。影片会非常有帮助，实际上，它们对于精确工作至关重要；它们也可以作为绘图的基础。出于经济的理由，绘图宜用线条或线条块，因为绝大多数科学杂志都在不断和破产作斗争。

在绝大多数情况下，如果没有广泛的阅读，想发表几乎不太可能。要特别强调的是，要真正掌握当前知识的状况，局限于阅读英语是不够的。严肃的社会学的学生，绝不能完全不管欧洲大陆的文献；对我们这个领域来说，尤其要掌握德语文献。海因洛施、洛伦茨、柯勒等人，以及他们的追随者或学生所做的一些工作都特别重要，但还没有完全进入英语文献。这些文献大部分都可以在《鸟类学杂志》（*Journal für Ornithologie*）和《动物心理学杂志》（*Zeitschrift für Tierpsychologie*）上找到。

　　另一方面，我也必须指出，尽管广泛的阅读是必要的，但它绝不能代替基于亲自观察所获得的一手知识。动物自身总是比那些写它们的著作重要得多。

参考文献

1 Allee, W. C., 1931: *Animal Aggregations*. Chicago.

2 Allee, W. C., 1938: *The Social Life of Animals*. London-Toronto.

3 Baerends, G. P., 1941: 'Fortpflanzungsverhalten und orientierung der Grabwespe Ammophila campestris. Jur.' *Tijdschr. Entomol.*, 84, 68-275.

4 Baerends, G. P., 1950: 'Specializations in organs and movements with a releasing function'. *Symposia of the S.E.B.*, 4, 337-60.

5 Baerends, G. P., and Baerends, J. M., 1948: 'An introduction to the study of the ethology of Cichlid Fishes'. *Behaviour, Suppl.*, 1, 1-242.

6 Bates, H. W., 1862: 'Contributions to an insect fauna of the Amazon Valley'. *Trans. Linn. Soc.*, London, 23, 495-566.

7 Beach, F. A., 1948: *Hormones and Behavior*. New York.

8 Boeseman, M., Van Der Drift, J., Van Roon, J. M., Tinbergen, N., and Ter Pelkwijk, J., 1938: 'De bittervoorns en hun mossels'. *De Lev. Nat.*, 43, 129-236.

9 Bullough, W. S., 1951: *Vertebrate Sexual Cycles*. London.

10 Burger, J. W., 1949: 'A review of experimental investigations of seasonal reproduction in birds'. *Wilson Bulletin*, 61, 201-30.

11 Buxton, J., 1950: *The Redstart*. London.

12 Cinat-Tomson, H., 1926: 'Die geschlechtliche Zuchtwahl beim Wellensittich

(*Melopsittacus undulatus Shaw*)'. *Biol. Zbl.*, 46, 543-52.

12a Carpenter, C. R., 1934: 'A field study of the behavior and social relations of Howling Monkeys'. *Comp. Psychol. Mon.*, 10, 1-168.

13 Cott, H., 1940: *Adaptive Coloration in Animals*. London.

14 Craig, W., 1911: 'Oviposition induced by the male in pigeons'. *Jour. Morphol.*, 22, 299-305.

15 Craig, W., 1913: 'The stimulation and the inhibition of ovulation in birds and mammals'. *Jour. anim. Behav.*, 3, 215-21.

16 Crane, J., 1941: 'Crabs of the genus Uca from the West Coast of Central America'. *Zoologica, N.Y.*, 26, 145-208.

16a Crane, J., 1949: 'Comparative biology of salticid spiders at Rancho Grande, Venezuela. IV. An analysis of display'. *Zoologica N.Y.*, 34, 159-214.

16b Crane, J., 1949: 'Comparative biology of salticid spiders at Rancho Grande, Venezuela. III. Systematics and behavior in representative new species'. *Zoologica N.Y.*, 34, 31-52.

17 Daanje, A., 1950: 'On locomotory movements in birds and the intention movements derived from them'. *Behaviour*, 3, 48-98.

18 Darling, F. F., 1938: *Bird Flocks and the Breeding Cycle*. Cambridge.

19 Dice, L. R., 1947: 'Effectiveness of selection by owls of deer-mice (*Peromyscus maniculatus*) which contrast in color with their background' . *Contr. Lab. Vertebr. Biol.*, Ann Arbor, 34, 1-20.

20 Duym, M., and Van Oyen, G. M., 1948: 'Het sjirpen van de Zadelsprinkhaan' . *De Levende Natuur*, 51, 81-7.

20a Eibl-Eibesfeldt, I., 1950: 'Ueber die Jugendentwicklung des Verhaltens eines männlichen Dachses (*Meles meles L.*) unter besonderer Berucksichtigung des Spieles'. *Zs. f. Tierpsychol.*, 7, 327-55.

20b Eibl-Eibesfeldt, I., 1951: 'Beobachtungen zur Fortpflanzungsbiologie und Jugendentwicklung des Eichhörnchens (*Sciurus vulgaris L.*)'. *Zs. f. Tierpsychol.*, 8, 370-400.

21 Fabricius, E., 1951: 'Zur Ethologie junger Anitiden'. *Acta Zoologica Fennica*,

68, 1-177.

22 Frisch, K. Von, 1914: 'Der Farbensinn und Formensinn der Biene'. *Zool. Jahrb. Allg. Zool. Physiol.*, 35, 1-188.

23 Frisch, K. Von, 1938: 'Versuche zur Psychologie des Fisch-Schwarmes'. *Naturwiss.*, 26, 601-7.

24 Frisch, K. Von, 1950: *Bees, their Vision, Chemical Senses, and Language.* Ithaca, N.Y.

25 Goethe, Fr., 1937: 'Beobachtungen und Untersuchungen zur Biologie der Silbermöwe (*Larus a. argentatus*) auf der Vogelinsel Memmertsand'. *Jour f. Ornithol.*, 85, 1-119.

26 Goetsch, W., 1940: *Vergleichende Biologie der Insektenstaaten.* Leipzig.

27 Göz, H., 1941: 'Über den Art- und Individualgeruch bei Fischen'. *Zs. vergl. Physiol.*, 29, 1-45.

28 Grassé, P. P., and Noirot, Ch.: 'La sociotomie: migration et fragmentation chez les Anoplotermes et les Trinervitermes'. *Behaviour*, 3, 146-66.

29 Hediger, H., 1949: 'Säugetier-Territorien und ihre Markierung'. *Bijdr. tot de Dierk.*, 28, 172-84.

30 Heinroth, O., 1911: 'Beiträge zur Biologie, namentlich Ethologie und Psychologie der Anatiden'. *Verh. V. Intern. Ornithol. Kongr.*, Berlin, 589-702.

31 Heinroth, O., and Heinroth, M., 1928: *Die Vögel Mitteleuropas.* Berlin.

32 Hinde, R., 1952: 'Aggressive behaviour in the Great Tit'. *Behaviour, Suppl.* 2, 1-201.

33 Howard, H. E., 1920: *Territory in Bird Life.* London.

34 Huxley, J. S., 1934: 'Threat and warning coloration in birds'. *Proc. 8th Internat. Ornithol. Congr.*, Oxford, 430-55.

35 Ilse, D., 1929: 'Über den Farbensinn der Tagfalter'. *Zs. vergl. Physiol.*, 8, 658-92.

35a Jacobs, W., 1948: 'Vergleichende Verhaltensforschung bei Feldheuschrecken'. *Verh. d. deutschen Zool. Gesellsch.*, 1948, 257-62.

36 Jones, F. M., 1932: 'Insect coloration and the relative acceptability of insects to

birds'. *Trans. Entomol. Soc.*, London. 80. 345-85.

37 Katz, D., and Revesz, G., 1909: 'Experimentell-psychologische Untersuchungen mit Hühnern'. *Zs. Psychol.*, 50, 51-9.

38 Kittzler, G., 1941: 'Die Paarungsbiologie einiger Eidechsenarten'. *Zs. f. Tierpsychol.*, 4, 353-402.

39 Knoll, Fr., 1926: *Insekten und Blumen*. Wien.

40 Knoll, Fr., 1925: 'Lichtsinn und Blütenbesuch des Falters von Deilephila livornica'. *Zs. vergl. Physiol.*, 2, 329-80.

41 Korringa, P., 1947: 'Relations between the moon and periodicity in the breeding of marine animals'. *Ecol. Monogr.*, 17,349-81.

42 Kramer, G., 1937: 'Beobachtungen über Paarungsbiologie und soziales Verhalten von Mauereidechsen'. *Zs. Morphol. Oekol. Tiere*, 32, 752-84.

43 Kugler, H., 1930: 'Blütenökologische Untersuchungen mit Hummeln. I'. *Planta*, 10, 229-51.

44 Lack, D., 1932: 'Some Breeding habits of the European Nightjar'. *The Ibis*, Ser. 13, 2, 266-84.

45 Lack, D., 1933: 'Habitat selection in birds'. *Jour. anim. Ecol.*, 2, 239-62.

46 Lack, D., 1939: 'The display of the Blackcock'. *Brit. Birds*, 32, 290-303.

47 Lack, D., 1943: *The Life of the Robin*. London.

48 Lack, D., 1947: *Darwin's Finches*. Cambridge.

49 Laven, H., 1940: 'Beiträge zur Biologie des Sandregenpfeifers (*Charadrius hiaticula L.*)'. *Jour. f. Ornithol.*, 88, 183-288.

50 Leiner, M., 1929: 'Oekologische Untersuchungen an *Gasterosteus aculeatus L.*' *Zs. Morphol. Oekol. Tiere*, 14, 360-400.

51 Leiner, M., 1930: 'Fortsetzung der oekologischen Studien an *Gasterosteus aculeatus L.*' *Zs. Morphol. Oekol. Tiere*, 16, 499-541.

52 Lissmann, H. W., 1932: 'Die Umwelt des Kampffisches (*Betta splendens Regan*)'. *Zs. vergl. Physiol.*, 18, 65-112.

53 Lorenz, K., 1927: 'Beobachtungen an Dohlen'. *Jour. f. Ornithol.*, 75, 511-19.

54 Lorenz, K., 1931: 'Beitrage zur Ethologie sozialer Corviden'. *Jour. f. Ornithol.*, 79, 67-120.

55 Lorenz, K., 1935: 'Der Kumpan in der Umwelt des Vogels'. *Jour. f. Ornithol.*, 83, 137-213 and 289-413.

56 Lorenz, K., 1941: 'Vergleichende Bewegungsstudien an Anatinen'. *Jour. f. Ornithol.*, 89 (Festschrift Heinroth), 194-294.

57 Lorenz, K., 1952: *King Solomon's Ring*. London.

58 Mcdougall, W., 1933: *An Outline of Psychology*. 6th ed. London.

59 Makkink, G. F., 1931: 'Die Kopulation der Brandente (*Tadoma tadorna L.*)'. *Ardea*, 20, 18-22.

60 Makkink, G. F., 1936: 'An attempt at an ethogram of the European Avocet (*Recurvirostra avosetta L.*) with ethological and psychological remarks'. *Ardea*, 25, 1-60.

61 Marquenie, J. G. M., 1950: 'De balts van de Kleine Watersalamander'. *De Lev. Nat.*, 53, 147-55.

62 Matthes, E., 1948: 'Amicta febretta. Ein Beitrag zur Morphologie und Biologie der Psychiden'. *Mémor. e estudos do Mus. Zool., Coimbra*, 184, 1-80.

63 Meisenheimer, J., 1921: *Geschlecht und Geschlechter im Tierreich*. Jena.

64 Mosebach-Pukowski, E., 1937: 'Über die Raupengesellschaften von Vanessa io und Vanessa urticae'. *Zs. Morphol. Oekol. Tiere*, 33, 358-80.

65 Mostler, G., 1935: 'Beobachtungen zur Frage der Wespenmimikry'. *Zs. Morphol. Oekol. Tiere*, 29, 381-455.

66 Noble, G. K., 1934: 'Experimenting with the courtship of lizards'. *Nat. Hist.*, 34, 1-15.

67 Noble, G. K., 1936: 'Courtship and sexual selection of the Flicker (*Colaptes auratus luteus*)'. *The Auk*, 53, 269-82.

68 Noble, G. K., and Bradley, H. T., 1933: 'The mating behaviour of lizards'. *Ann. N.Y. Acad. Sci.*, 35, 25-100.

69 Noble, G. K., and Curtis, B., 1939: 'The social behavior of the Jewel Fish, Hemichromus bimaculatus Gill'. *Bull. Am. Mus. Nat. Hist.*, 76, 1-46.

70 Pelkwijk, J. J. Ter, and Tinbergen, N., 1937: 'Eine reizbiologische Analyse einiger Verhaltensweisen von Gasterosteus aculeatus L.' *Zs. f. Tierpsychol.*, 1, 193-204.

71 Portielje, A. F. J., 1928: 'Zur Ethologie bzw. Psychologie der Silbermöwe (*Larus a. argentatus Pontopp.*)'. *Ardea*, 17, 112-49.

72 Poulton, E. B., 1890: *The Colours of Animals*. London.

73 Riddle, O., 1941: 'Endocrine aspects of the physiology of reproduction'. *Ann. Rev. Physiol.*, 3, 573-616.

74 Roberts, Br., 1940: 'The breeding behaviour of penguins'. *Brit. Graham Land Exped., 1934-1937. Scientif. Reports* 1, 195-254.

75 Roesch, G. A., 1930: 'Untersuchungen über die Arbeitsteilung im Bienenstaat'. 2. Teil. *Zs. vergl. Physiol.*, 12, 1-71.

76 Rowan, W., 1938: 'Light and seasonal reproduction in animals'. *Biol. Rev.*, 13, 374-402.

77 Blest, A. D., and De Ruiter, L.: Unpublished work.

78 Russell, E. S., 1945: *The Directiveness of Organic Activities*. Cambridge.

78a Schenkel, R., 1947: 'Ausdrucks-Studien an Wölfen'. *Behaviour*, 1, 81-130.

79 Schremmer, Fr., 1941: 'Sinnesphysiologie und Blumenbesuch des Falters von *Plusia gamma L.'. Zool. Jahrb. Syst.*, 74, 375-435.

80 Schuyl, G., Tinbergen, L., and Tinbergen, N., 1936: 'Ethologische Beobachtungen am Baumfalken, *Falco s. subbuteo L.'. Jour. f. Ornithol.*, 84, 387-434.

81 Scott, P., 1951: *Third Annual Report, 1949-1950, of the Severn Wildfowl Trust.* London.

82 Seitz, A., 1941: 'Die Paarbildung bei einigen Cichliden II'. *Zs. f. Tierpsychol.*, 5, 74-101.

83 Sevenster, P., 1949: 'Modderbaarsjes'. *De Lev. Nat.*, 52, 161-68, 184-90.

84 Spieth, H. T., 1949: 'Sexual behavior and isolation in Drosophila II. The interspecific mating behavior of species of the willistonigroup'. *Evolution*, 3, 67-82.

85 Sumner, F. B., 1934: 'Does protective coloration protect?' *Proc. Acad. Sci. Washington*, 20, 559-564.

86 Sumner, F. B., 1935: 'Evidence for the protective value of changeable coloration in fishes'. *Amer. Natural.*, 69, 245-66.

87 Sumner, F. B., 1935: 'Studies of protective color changes III. Experiments with fishes both as predators and prey'. *Proc. Nat. Acad. Sci.*, Washington, 21, 345-53.

88 Szymanski, J. S., 1913: 'Ein Versuch, die für das Liebesspiel charakteristischen Körperstellungen und Bewegungen bei der Weinbergschnecke künstlich hervorzurufen'. *Pflüger's Arch.*, 149, 471-82.

89 Thorpe, W. H., 1951: 'The learning abilities of birds'. *The Ibis*, 93, 1-52, 252-96.

90 Tinbergen, L., 1935: 'Bij het nest van de Torenvalk'. *De Lev. Nat.*, 40, 9-17.

91 Tinbergen, L., 1939: 'Zur Fortpflanzungsethologie von *Sepia officinalis L.*'. *Arch. néerl. Zool.*, 3, 323-64.

92 Tinbergen, N., 1931: 'Zur Paarungsbiologie der Flusseeschwalbe (*Sterna h. hirundo L.*)'. *Ardea*, 20, 1-18.

93 Tinbergen, N., 1935: 'Field observations of East Greenland birds I. The behaviour of the Red-necked Phalarope (*Phalaropus lobatus L.*) in spring'. *Ardea*, 24, 1-42.

94 Tinbergen, N., 1936: 'The function of sexual fighting in birds; and problem of the origin of territory'. *Bird Banding*, 7, 1-8.

95 Tinbergen, N., 1937: 'Über das Verhalten kämpfender Kohlmeisen (*Parus m. major L.*)'. *Ardea*, 26, 222-3.

96 Tinbergen, N., 1939: 'Field observations of East Greenland birds II. The behavior of the Snow Bunting (*Plectrophenax nivalis subnivalis A. E. Brehm*) in spring'. *Trans. Linn. Soc. N.Y.*, 5, 1-94.

97 Tinbergen, N., 1940: 'Die Übersprungbewegung'. *Zs. f. Tierpsychol.*, 4, 1-40.

98 Tinbergen, N., 1942: 'An objectivistic study of the innate behaviour of animals'. *Biblioth. biotheor.*, 1, 39-98.

99 Tinbergen, N., 1948: 'Social releasers and the experimental method required for their study'. *Wilson Bull.*, 60, 6-52.

100 Tinbergen, N., 1950: 'Einige Beobachtungen über das Brutverhalten der Silbermöwe (*Larus argentatus*)'. In: *Ornithologie als Biologische Wissenschaft,*

Festschrift E. Stresemann, 162-7.

101 Tinbergen, N., 1951: *The Study of Instinct.* Oxford.

102 Tinbergen, N., 1951: 'On the significance of territory in the Herring Gull'. *The Ibis*, 94, 158-9.

103 Tinbergen, N., 1951: 'A note on the origin and evolution of threat display'. *The Ibis*, 94, 160-2.

104 Tinbergen, N., 1952: 'Derived activities; their causation, function and origin'. *Quart. Rev. Biol.*, 27, 1-32.

105 Tinbergen, N., 1953: *The Herring Gull's World.* London.

106 Tinbergen, N., and Van Iersel, J. J. A.: Unpublished work.

107 Tinbergen, N., and Kuenen, D. J., 1939: 'Über die auslösenden und die richtunggebenden Reizsituationen der Sperrbewegung von jungen Drosseln'. *Zs. f. Tierpsychol.*, 3, 37-60.

108 Tinbergen, N., Meeuse, B. J. D., Boerema, L. K., and Varossieau, W. W., 1942: 'Die Balz des Samtfalters, *Eumenis (= Satyrus) semele (L.)*'. *Zs. f. Tierpsychol.*, 5, 182-226.

109 Tinbergen, N., and Moynihan, M., 1952: 'Head-flagging in the Black-headed Gull; its function and origin'. *Brit. Birds*, 45, 19-22.

110 Tinbergen, N., and Pelkwijk, J. J. TER, 1938: 'De Kleine Watersalamander'. *De Lev. Nat.*, 43, 232-7.

111 Tinbergen, N., and Perdeck, A. C., 1950: 'On the stimulus situation releasing the begging response in the newly hatched Herring Gull chick (*Larus a. argentatus Pontopp.*)'. *Behaviour*, 3, 1-38.

112 Verwey, J., 1930: 'Einiges über die Biologie Ostindischer Mangrove krabben'. *Treubia*, 12, 169-261.

113 Verwey, J., 1930: 'Die Paarungsbiologie des Fischreihers'. *Zool. Jahrb. Allg. Zool. Physiol.*, 48, 1-120.

114 Welty, J. C., 1934: 'Experiments in group behaviour of fishes'. *Physiol. Zool.*, 7, 85-128.

115 Wheeler, M. W., 1928: *The Social Insects.* London.

116 Wilson, D., 1937: 'The habits of the Angler Fish, *Lophius piscatorius L.*, in the Plymouth aquarium'. *J. Mar. Biol. Ass. U.K.*, 21, 477-96.

117 Windecker, W., 1939: '*Euchelia (= Hypocrita) jacobaeae L.* und das Schutztrachtenproblem'. *Zs. Morphol. Oekol. Tiere*, 35, 84-138.

118 Wrede, W., 1932: 'Versuche über den Artduft der Elritzen'. *Zs. f. vergl. Physiol.*, 17, 510-19.

119 Wunder, W., 1930: 'Experimentelle Untersuchungen am dreistachlichen Stichling (*Gasterosteus aculeatus L.*) während der Laichzeit'. *Zs. Morphol. Oekol. Tiere*, 14, 360-400.

译后记

在人生走向成熟的阶段，我仍然怀有几个无法实现的愿望。其中的一个，是在江南的山麓，有属于自己的一方庭院。它远离过往行人的视线打扰，种着绿萼的梅花，还有两步见宽的池塘。雪后的冬日，觅食的蜂偏爱绿色的花蕊；池塘里的荷花与灯芯草，让蜻蜓和豆娘有歇脚的地方。倘若有淡淡的阳光，我就可以坐在院子里，读法布尔的《昆虫记》，洛伦茨的《论攻击》，或者弗里施的《蜜蜂》。

离群索居，只按照自己的意愿来生活；这个想法多少与人的社会本性相背。对这种愿望本身的反思，曾促使我去阅读廷伯根的这本书，进而产生将它译为中文的想法。

尼可拉斯·廷伯根（Nikolaas Tinbergen, 1907—1988）是荷兰裔英国动物学家。因其卓越的动物行为研究，廷伯根与他的朋友康拉德·洛伦茨，以及卡尔·冯·弗里施一起荣获过诺贝尔生理学或医学奖。洛伦茨的多种著作已被译为中文，包括《所罗门王的指环》《狗的家世》《人性的退化》《灰雁的四季》等，还有我与何朝安合作翻译的《论攻击》。相较而言，廷伯根在我国的读者还比较少。作为现代行为生物学的奠基人之一，廷伯根的思想在英语国家影响颇深远，特别是他提出的行为研究的四大问题：功能、因果、进化以及行为的个体发生。他的一些著作也早已取得经典读物的地位，包括这本《动物的社会行为》。不管是出于对自然的热爱，还是严肃理智探究的动机，此书都可能富于启发。

2019 年夏，经老友梅剑华介绍，我向华夏出版社的罗庆先生推荐了此书；双方旋即愉快地商定了合作事宜。在翻译过程中，我的朋友罗涵、周从嘉提供了许多帮助，他们还耐心地审校过全部译稿。谨此致谢！

此书在英语国家已先后十余次再版；译本根据 1990 年（Chapman and Hall）和 2013 年（Chapman and Hall）的版本译出。我以哲学为业，虽然抱着理解人类行为和动物行为的热忱，但并非动物行为学研究行家。译文或有错谬，请方家不吝指正。

刘小涛

2020 年 4 月 3 日　嘉定

图书在版编目（CIP）数据

动物的社会行为／（英）尼可拉斯·廷伯根（Niko Tinbergen）
著；刘小涛译. --北京：华夏出版社有限公司，2021.1
书名原文：Social Behaviour in Animals
ISBN 978-7-5080-9968-2

Ⅰ．①动… Ⅱ．①尼… ②刘… Ⅲ．①动物学－行为科学－
研究　Ⅳ.①Q958.12

中国版本图书馆 CIP 数据核字（2020）第 115154 号

Social Behaviour in Animals/ by N. Tinbergen
ISBN:978-1-84872-298-9
Copyright © 1964 N. Tinbergen.
All Rights Reserved.
Authorised translation from the English language edition published by Routledge, a
member of the Taylor & Francis Group. Copies of this book sold without a Taylor & Francis
sticker on the cover are unauthorized and illegal.
本书原版由 Taylor & Francis 出版集团旗下 Routledge 出版公司出版，并经其授权翻
译出版。版权所有，侵权必究。本书中文简体翻译版授权由华夏出版社有限公司独家出
版并限在中国大陆地区销售。未经出版者书面许可，不得以任何方式复制或发行本书的
任何部分。本书封面贴有 Taylor & Francis 公司防伪标签，无标签者不得销售。

版权所有　翻印必究
北京市版权局著作权合同登记号：图字 01-2020-7557 号

动物的社会行为

作　者	[英] 尼可拉斯·廷伯根	
译　者	刘小涛	
责任编辑	罗　庆　陈宏达	
出版发行	华夏出版社有限公司	
经　销	新华书店	
印　装	三河市万龙印装有限公司	
版　次	2021 年 1 月北京第 1 版	
	2021 年 1 月北京第 1 次印刷	
开　本	880×1230　1/32 开	
印　张	7.5	
字　数	135 千字	
定　价	49.00 元	

华夏出版社有限公司　地址：北京市东直门外香河园北里 4 号
邮编：100028 网址：www.hxph.com.cn
电话：（010）64663331（转）
若发现本版图书有印装质量问题，请与我社营销中心联系调换。